儿童营养全知道

陈治锟 李珈贤 / 主编

吉林科学技术出版社

图书在版编目（CIP）数据

儿童营养全知道 / 陈治锟，李珈贤主编. -- 长春 : 吉林科学技术出版社，2021.8
ISBN 978-7-5578-8504-5

Ⅰ. ①儿… Ⅱ. ①陈… ②李… Ⅲ. ①儿童－保健－食谱 Ⅳ. ①TS972.162

中国版本图书馆CIP数据核字(2021)第156644号

儿童营养全知道

ERTONG YINGYANG QUAN ZHIDAO

主　　编　陈治锟　李珈贤
编　　委　白　腾　崔　英　郭思成　李柯璇　廉雨霏　刘颜圆
　　　　　刘玥辰　马福霖　彭珍珍　秦　源　王晓蕾　薛睿月
　　　　　杨　可　于　洋　岳远磊　张美丽　张铭栖　张燕芳
出 版 人　宛　霞
责任编辑　练闽琼
封面设计　深圳市弘艺文化运营有限公司
制　　版　深圳市弘艺文化运营有限公司
幅面尺寸　170 mm × 240 mm
字　　数　300千字
印　　张　13
印　　数　1—5 000册
版　　次　2021年8月第1版
印　　次　2021年8月第1次印刷

出　　版　吉林科学技术出版社
发　　行　吉林科学技术出版社
地　　址　长春市福祉大路5788号出版大厦A座
邮　　编　130118
发行部电话/传真　0431-81629529　81629530　81629531
　　　　　　　　　81629532　81629533　81629534
储运部电话　0431-86059116
编辑部电话　0431-81629518
印　　刷　吉林省创美堂印刷有限公司

书　　号　ISBN 978-7-5578-8504-5
定　　价　45.00元

如有印装质量问题　可寄出版社调换

充足的营养
是儿童健康成长的基础

儿童时代是人一生中生长发育最旺盛的阶段，也是最脆弱的时期，需要家长无微不至的照料。健康、活泼、聪明的孩子会给家庭带来无尽的欢乐，而体弱多病的孩子成长历程却颇多坎坷。父母只有懂得更多的保健方法和科学营养知识，在提高自身保健意识的基础上，才能更得心应手地把孩子养育好。过去的孩子营养不良多是由食物匮乏引起的，而现在的孩子多是挑食、偏食造成的营养不良，或是喂养不当引起的营养过剩。

营养不良会导致精神萎靡，反应差，无食欲，腹泻、便秘交替等症状。长期重度营养不良可导致重要脏器功能损害，如心脏功能下降（可有心音低钝）、血压偏低、脉搏变缓、呼吸浅表等。由于营养不良的患儿免疫功能低下，故易感染疾病，如反复呼吸道感染、鹅口疮、肺炎、结核病、中耳炎、尿路感染等。

营养不良对儿童的生长不利，营养过剩同样也会影响儿童的生长发育。营养过剩可能导致儿童性早熟：在生理上，可能会导致儿童骨骺提前闭合，直接影响到孩子的最终身高；在行为上，由于儿童的心理发育尚未成熟，性器官的过早发育和性意识的过早觉醒，将导致儿童不具备相应的自控能力，女孩可能会出现早恋、早婚、早孕，男孩则可能出现性攻击、性犯罪等。

孩子的饮食是父母关心的头等大事，如何才能吃得营养、吃得健康，这是父母需要重视的问题。本书共分为六部分的内容：第一部分根据儿童成长各个阶段的生理特点，介绍各阶段的营养需求，提出培养儿童平衡饮食的方法及四季饮食调理方法；第二部分针对儿童缺乏重要营养的状况提出应对方法；第三部分提供多种儿童功能食谱，如健脾开胃、清热解毒、健脑益智、增强记忆力、保护视力、改善睡眠等功能的食谱；第四部分列举多种儿童日常保健食物；第五部分针对孩子成长过程中常出现的问题，提出改善方法和相应食疗方，让父母在养育过程中不至于手足无措；第六部分提出父母在养育孩子的过程中容易出现的喂养误区，如动不动就给孩子喝凉茶去火、给孩子喝高汤补营养等，让父母们避开喂养误区，养育之路更顺畅。

孩子是家庭的希望，是一家人关注的焦点，孩子的健康成长是家庭中重要的事情。希望本书能为父母带来切实的帮助，让孩子健康成长。

营养师的儿童饮食观

儿童的界定及身体特质……014
0 ~ 12 岁儿童的营养需求……020
培养儿童平衡饮食……030
儿童四季保健饮食调理……032

儿童营养不均衡，阻碍生长发育

缺锌……040
缺铁……042
缺钙……045
缺硒……048
缺碘……051
缺维生素 A……054
缺维生素 D……055
营养过剩……056

PART 03

营养师私房食单，促进孩子生长发育

健脾开胃……060
山药鸡蛋糊……060
莲子芡实饭……061
山药薏米豆浆……061
红枣桂圆鸡汤……062
陈皮大米粥……063
圣女果芦笋鸡柳……063

清热解毒……064
松仁丝瓜……064
白萝卜汁……065
苦瓜炒鸡蛋……065
芦笋煨冬瓜……066
黄瓜粥……067
生菜鸡蛋面……067

健脑益智……068
牛奶蒸鸡蛋……068
番茄牛肉南瓜汤……069
三文鱼泥……070
土豆黄瓜饼……070
鱼肉海苔粥……071

增强记忆力……072
蜂蜜核桃豆浆……072
海带牛肉汤……073
山药红枣鸡汤……074
香蕉燕麦粥……075
芝麻拌芋头……075

保护视力……076
胡萝卜芹菜汁……076
番茄鸡蛋河粉……077
西蓝花虾皮蛋饼……078
菠菜芹菜粥……079
葡萄苹果沙拉……079

稳定情绪……080
红薯莲子银耳汤……080
白萝卜牡蛎汤……081
猕猴桃香蕉汁……081
小米洋葱蒸排骨……082
焦米南瓜苹果粥……083

改善睡眠................084
香蕉粥......................084
核桃花生双豆汤.......085
拌蔬菜丝..................086
牛奶荞麦粥...............087
苹果番茄汁...............087

增强免疫力............088
番茄汁......................088
鸡蛋罗宋汤...............089
牡蛎茼蒿炖豆腐.......090
西蓝花炒虾仁...........091

增高助长................092
花生瘦肉泥鳅汤.......092
芹菜猪肉水饺...........093
红烧狮子头...............094
核桃葡萄干牛奶粥....095
牛肉炖鲜蔬...............095

强健骨骼................096
荷包蛋肉末粥...........096
芡实炖老鸭...............097
胡萝卜烩牛肉...........098
肉末番茄..................099
牛肉条炒西蓝花.......100
虾仁炒面..................101

预防铅中毒............102
虾皮紫菜豆浆...........102
清香虾球..................103
玉米笋炒荷兰豆.......104
包菜彩椒粥...............105
胡萝卜汁..................105

PART 04

儿童常用保健食物

五谷杂粮类 108

粳米 108

小米 108

燕麦 109

面条 109

黑米 110

红豆 110

绿豆 111

黑豆 111

黄豆 112

豆浆 112

豆腐 113

豆腐皮 113

水果 / 干果类 114

菠萝 114

山楂 114

荔枝 115

苹果 115

香蕉 116

火龙果 116

猕猴桃 117

西瓜 117

哈密瓜 118

花生 118

板栗 119

核桃 119

蔬菜类 120

小白菜 120

生菜 120

油菜 121

菠菜 121

芥蓝 122

包菜 122

芹菜 123

莴笋 123

丝瓜 124

南瓜 124

黄瓜 125

番茄 125

茄子 126

彩椒 126
玉米 127
土豆 127
胡萝卜 128
莲藕 128
荸荠 129
香菇 129

畜禽蛋奶类 130
牛肉 130
猪肉 130
猪肝 131
鸡肉 131
鸡肝 132
鸭肉 132
鸡蛋 133
鹌鹑蛋 133
牛奶 134
酸奶 134

水产类 135
鲈鱼 135
鳜鱼 135
鳝鱼 136
三文鱼 136
鱿鱼 137
虾 137
蛤蜊 138
扇贝 138
海带 139
紫菜 139

孩子常出现的问题

发热……142
厌食……146
出汗多……148
呕吐……150
反复感冒……152
咳嗽……156
腹泻……160
便秘……164
遗尿……170
小儿疳积……172
肺炎……176
扁桃体炎……178
腹痛……180
口腔溃疡……184
手足口病……186
小儿湿疹……188
打鼾……190

家长最容易走进的饮食误区

孩子上火，给孩子喝凉茶......194
奶粉有“热气”，要常给孩子喝凉茶......197
小儿七星茶能开胃消滞，可以长期饮用......198
辅食越软烂越好......199
孩子有眼屎，是上火......200
怕孩子饿，给孩子吃很多东西......201
孩子吃人参、鹿茸等滋补品，增强体质......202
喝高汤补营养，汤越浓越好......202
药物或营养品能提高免疫力......203
动物肝脏吃得越多越好......204
孩子打嗝是生病了......204
大便干燥吃香蕉......205
早喝鲜牛奶有助成长......206
将牛奶添加到米汤、稀饭中，营养更好......207
把牛奶当水喝......207

PART 01

营养师的儿童饮食观

儿童的界定及身体特质

儿童的年龄范围

儿童泛指 14 岁以下的小孩，一般指 6 ～ 14 岁，6 岁以下可称为幼儿。《中华人民共和国未成年人保护法》等法律规定 0 ～ 18 岁人群为未成年人，未成年人就是儿童。但是中国的少先队员年龄在 14 岁以下、6 岁以上，而共青团员的入团年龄为 14 岁以上。国际《儿童权利公约》界定的儿童是指 18 岁以下的任何人，该公约由联合国 1989 年 11 月 20 日大会通过，是有史以来最为广泛认可的国际公约。

很多人不明确婴儿和儿童的界定范围，下意识认为那些刚出生的孩子就是婴儿，那些上了幼儿园的孩子就可以说是儿童了。其实很多人对这个界定很模糊，那么婴儿和儿童的年龄范围分别是什么？

婴儿是指刚出生的孩子，一直到 12 个月末。而从婴儿刚出生，一直到满月，这个阶段又属于新生儿期。而儿童时期包括了婴儿期、幼儿期、学龄前期、学龄期。其中，幼儿期是指孩子 1 ～ 3 岁，学龄前期是指孩子 3 ～ 6 岁，6 岁以后就可以称为学龄期。10 ～ 18 岁又称为青春期，是儿童长成成年人的一个过渡期。

其实家长对孩子的年龄阶段范围没必要分得太仔细，家长注重的应该是孩子每个阶段的心理变化和身体的健康。随着孩子年龄的增长，孩子的

心理也会趋向成熟。同时，孩子的身高和样貌也会发生改变，没有了儿时的婴儿脸，会越来越趋向于成熟。尤其是孩子的青春期阶段，是身体发育的关键时段，一定要注意营养的补充，让孩子能够健康成长。

儿童体格发育的特点

儿童生长发育是由量变到质变的复杂过程，有连续性和阶段性、不平衡性和一般规律性三大特点。

◯连续性和阶段性

孩子出生后第一年体重和身长增长很快，出现第一个生长高峰。第二年以后生长速度逐渐减慢，到了青春期，生长速度又开始加快，出现第二个生长高峰。婴儿期是出生后体格生长最快的时期，自出生至 6 个月的第一个半年，我国城市婴儿身长平均增长值：男童为 18.4 厘米、女童为 17.7 厘米。自 6 个月 ~ 12 个月的第二个半年，我国城市男童平均身长增长 8.1 厘米、女童 8.2 厘米。这是出生后线性生长速率最快的一年，平均身长增长男童为 26.5 厘米、女童为 25.9 厘米，远超过青春期生长突增的生长速率。体重的增长在婴幼儿期也呈现快速生长的特点，我国城市男童婴儿期体重平均增长 6.73 千克、女童婴儿期体重平均增长 6.19 千克。

儿童的生长发育速度是波浪式的。婴儿期和青春期长高的速度很明显，而 18 岁以后，骨骼发育完全，身高基本上稳定了，年增高值几乎为零。

◯不平衡性

儿童身体各系统发育是不平衡的：

☆ 孩子自身的免疫系统处于发育起始阶段时，孩子会经常生病，特别是呼吸系统感染。孩子在 7 个月后至 12 岁前是一生中免疫功能最差、呼吸系统性疾病发生最多的时期。比如，孩子小的时候很容易出现扁桃体发炎，长大后发病率就低了。

☆ 孩子的淋巴系统在学龄期发育迅速，12 岁达高峰，以后逐渐下降至成人水平。如扁桃体在 2 岁以后明显增大，近青春期开始萎缩至成人水平。

☆ 心脏、肝脏、肾脏、肌肉的发育与体格生长平行。比如说胸廓与肺发育了，胸围也会相应增加。

☆ 脑、脊髓和周围神经，这些神经系统发育较早。

☆ 生殖系统发育较晚。

各系统发育速度的不同与其在不同年龄的生理功能有关，从整体看是统一、协调的，也是相互影响的。

◯一般规律性

儿童的生长发育遵循由上到下、由近到远、由粗到细、由低级到高级的规律。

☆ 以孩子出生后运动发育状况来看：先会抬头，然后抬胸，最后会坐、立、行，这就是由上到下的发育规律。

☆ 当孩子活动时，从臂到手、从腿到脚都会慢慢伸展开，就其方向来看遵循由近到远的规律。

☆ 当孩子想要抓取物品时，刚开始时先用全掌抓握，慢慢他就能学会用手指拾取了。从这方面看，孩子的运动发育规律是由粗到细的。

☆ 懵懂的生命先从低级的看、听、感觉事物、认识事物，发展到拥有高级的记忆、思维、分析、判断等能力，新的生命就是这样慢慢成长起来的。

儿童身高、体重增长指标基本规律

○体重

体重是衡量体格生长的重要指标，也是反映小儿营养状况最易获得的灵敏指标。小儿体重的增加不是等速的，年龄越小，增加速度越快。小儿出生最初的 6 个月呈现第一个生长高峰，尤其是前 3 个月；后半年起逐渐减慢，此后又稳步增加。出生后前 3 个月每月体重增加 700 ~ 800 克，4 ~ 6 个月每月体重增加 500 ~ 600 克，故前半年每月体重增加 600 ~ 800 克，后半年每月体重平均增加 300 ~ 400 克。出生后第二年全年体重增加 2.5 千克左右，2 岁至青春期前每年体重稳步增加约 2 千克。为方便临床应用，可按公式粗略估计体重：

（1）出生时平均体重：3 千克

（2）3 ~ 12 个月：体重 =（月龄 +9）千克 /2

（3）1 ~ 6 岁：体重 =（年龄 ×2）千克 +8 千克

（4）7 ~ 12 岁：体重 =（年龄 ×7−5）千克 /2

○身高

身高受种族、遗传、营养、内分泌、运动和疾病等因素影响，短期的病症和营养状况对身高的影响并不显著，但与长期营养状况关系密切。身高的增长规律与体重相似，年龄愈小，增长愈快，出生时身高（长）平均为 50 厘米，出生后第一年身长增长约为 25 厘米，第二年身长增长速度减慢，平均增长 10 厘米左右，即 2 岁时身长约 85 厘米。2 岁以后身高平均每年增长 5 ~ 7 厘米，2 ~ 12 岁身高的估算公式为：年龄 ×7+70 厘米。

◯头围

头围的大小与脑的发育密切相关。神经系统，特别是人脑的发育在出生后的两年内最快，5 岁时脑的大小和重量已经接近成人水平。头围也有相应的改变，出生时头围相对较大，约为 34 厘米，1 岁以内增长较快，6 个月时头围为 44 厘米，1 岁时头围为 46 厘米，2 岁时头围平均为 48 厘米，到 5 岁时头围为 50 厘米，15 岁时头围为 53 ~ 58 厘米，与成人相近。

◯胸围

胸围大小与肺和胸廓的发育有关。出生时胸围平均为 32 厘米，比头围小 1 ~ 2 厘米，1 岁左右胸围等于头围，1 岁以后胸围应逐渐超过头围，头围和胸围的增长曲线形成交叉。头围、胸围增长线的交叉时间与儿童的营养摄入和胸廓发育有关，发育较差者的头围、胸围交叉时间有所延后。

○前囟

前囟为额骨和顶骨形成的菱形间隙，前囟对边中点长度在出生时为1.5 ~ 2 厘米，后随颅骨发育而增加，6 个月后逐渐骨化而变小，多数在1 ~ 1.5 岁时闭合。

前囟早闭常见于头小畸形，晚闭多见于佝偻病、脑积水或克汀病。前囟是能直接反映许多疾病早期体征的重要窗口，前囟饱满常见于各种原因的颅内压增高，是婴儿脑膜炎的体征之一；前囟凹陷多见于脱水。

○牙齿

新生儿一般无牙，通常出生后 5 ~ 10 个月开始出乳牙。出牙顺序是先下颌后上颌，自前向后依次萌出，唯尖牙例外。20 个乳牙于 2 ~ 2.5 岁出齐。若出牙时间推迟或出牙顺序混乱，常见于佝偻病、呆小病、营养不良等。6 岁后乳牙开始脱落，换出恒牙，直至 12 岁左右长出第二磨牙。婴幼儿的乳牙个数可用公式推算：乳牙数 = 月龄 -4（或 6）

○脊柱

新生儿的脊柱仅轻微后凸，当 3 个月抬头时，出现颈椎前凸，即脊柱的第一弯曲；6 个月后能坐，出现第二弯曲，即胸部的脊柱后凸；到 1 岁开始行走后，出现第三弯曲，即腰部的脊柱能前凸；到 6 ~ 7 岁时，被韧带所固定形成生理弯曲，对保持身体平衡有利。坐、立、行姿不正确及骨骼病变可引起脊柱发育异常或造成畸形。

○骨化中心

骨化中心反映长骨的成熟程度，用 X 线检查测定不同年龄儿童长骨干骺端骨化中心的出现时间、数目、形态的变化，并将其标准化，即为骨龄。

0 ~ 12 岁儿童的营养需求

0 ~ 1 岁婴儿的营养需求

○0 ~ 3 个月新生儿喂养

新生儿主要是靠母乳喂养。母乳含有婴儿所需的其他任何乳类所不能比拟的丰富营养素，其比例恰当、均衡，易消化，生物利用率高，含有大量免疫物质，具有很强的防病、抗病能力，所以母乳（尤其初乳）是婴儿最佳营养品。在母乳不足的情况下，可采取混合喂养；若无母乳，可采用人工喂养。

母乳喂养：喂奶时间不固定，一般每隔 3 个半小时左右喂一次，每次喂 15 分钟左右。初乳非常珍贵，应让新生儿尽量多次吸吮。

人工喂养：在不能得到母乳的情况下，应采用经卫生部门许可出售的奶粉、配方奶粉（或其他同类制品），按指定的食用方法喂养。每天喂 6 ~ 7 次，每 4 小时左右喂一次。

混合喂养：一般喂母乳后，可接着喂配方奶粉，也可在两次喂母乳间隔时喂。坚持每天保证喂三次母乳。

喂水：一般情况下，母乳喂养不需要喂水。人工及混合喂养可在两次喂奶中间喂温开水，每天可喂 2 ~ 3 次，每次 40 毫升左右（可逐渐增量）。

由于母乳、奶粉中的维生素 D 含量少，可在医生指导下从第三周起给新生儿每日喂 400 国际单位的维生素 D。

○ 4 ~ 6 个月婴儿营养餐

这个时期的婴儿开始有吞咽非流质食物的能力，开始出牙。在这个阶段，单靠乳类不能满足婴儿生长的需要，因此除坚持乳类喂养外，还应及时补充体内所需的营养素，应逐渐添加辅食。

○ 7 ~ 9 个月婴儿营养餐

婴儿到了这个时候，能用小手拿食物、玩具，多数婴儿长出 1 ~ 2 颗牙齿。在此期间，除坚持母乳或配方奶粉等代乳品喂养外，可给孩子吃些软面条、煮烂的杂粮粥，也可吃些烤馒头片、饼干，以促进牙齿生长，锻炼咀嚼能力，同时还要注意补充富含铁的食物。

○ 10 ~ 12 月婴儿营养餐

婴儿生长到这个时期，牙齿已长出 7 ~ 8 颗，胃功能增强，活动量增大，此时可考虑断奶（若孩子体弱，母乳足，母乳喂养可延长到 1 岁半），逐渐减少喂奶次数，多摄入营养丰富的食品。

1 ~ 3 岁幼儿的营养需求

1 ~ 3 岁的孩子牙齿陆续长出，摄入的食物也逐渐从以奶类为主转向以混合食物为主。但是此时孩子的消化系统尚未完全成熟，因此还不能完全给孩子吃大人的食物，一定要根据孩子的生理特点和营养需求，为他制作可口的食物，保证其获得均衡营养。

1 ~ 3 岁的孩子，奶类摄入越来越少，大多数营养都需要从混合食物中获得。所以，这个时间段孩子的饮食均衡尤其重要，既要粗细搭配，又要适量多吃促进孩子智力发育的食物。

○适当补铜，促进智力发育

婴幼儿容易发生缺铜性贫血。新生儿最初几个月不会发生缺铜的现象，体内代谢所需的铜基本上是胎儿期肝脏中贮藏的铜，但随着婴幼儿的成长，母乳中含铜量较少，因此给婴幼儿补铁时，也要适当补充铜。铜的一般来源有香蕉、牛肉、面包、干果、蛋、鱼、羊肉、花生酱、猪肉、鸡肉、萝卜等。

○饮食要粗细搭配

人们日常摄入的粮食大体分为粗、细两种。粗粮指玉米、小米、高粱、豆类等，细粮指精制的大米及面粉。2 ~ 3 岁的幼儿仍处于快速生长发育期，在此期间，保证饮食平衡、合理对他的健康成长至关重要。

一些父母错误地认为越精细、越高级的食物越有营养，因此在给孩子制作食物时总是精益求精地给孩子补充高热量、高蛋白的食物，从而使许多孩子营养过剩、体重超标，影响身体发育。另外，食物经过精细加工后，会失去多种营养成分，从而容易造成营养成分单一，这与幼儿成长对营养多样化的要求不相符合。粗粮中含有很多膳食纤维，饮食的粗细搭配可以有效促进胃肠的蠕动，加速新陈代谢，促进大肠对营养物质的吸收，继而预防便秘。所以，幼儿饮食必须要注意粗细搭配。

○多吃健脑益智的食物

当孩子 3 岁左右时，脑发育已经达到高峰。即使孩子的身高、体重仍不断增加，但脑重量的增加却很缓慢了。孩子 0 ~ 2 岁时脑重量快速增加，刚出生的孩子脑重量为成人的 25%，2 ~ 4 岁时脑重量达到成人的 80%，4 ~ 7 岁时脑重量达到成人的 90%。因此在孩子 1 ~ 3 岁这个阶段，就要给孩子多补充健脑益智类的食物，为大脑的快速发育提供能量。例如，五谷类，如黄豆、小麦等；肉类，如鸡肉、鱼肉、牛肉等；水果类，如苹果、火龙果等；蔬菜类，如菠菜、白菜等；坚果类。

◯多吃鱼

鱼肉营养丰富，属于优质蛋白质，且易被人体吸收，对于发育阶段的孩子来说，机体对蛋白质的需求较多，可以通过鱼肉补充。深海鱼类的脂肪中，DHA（二十二碳六烯酸，俗称“脑黄金”）含量是陆地动植物脂肪中含量的 2.5 ~ 100 倍。经常吃鱼，特别是常吃海鱼，可以获得充足的 DHA。而 DHA 是脑细胞膜中磷脂的重要组成部分，是促进脑部发育的营养素，对提高记忆力和增强思考能力非常重要。

但是由于孩子太小，所以在食用鱼类时一定要注意安全。在购买鱼的时候，挑鱼刺较少、较大且容易剔刺的鱼，处理的时候要挑出鱼刺，保证把鱼刺剔除干净后再给孩子吃。孩子在吃鱼的时候要专心致志，少说话、大笑、看电视，吃的时候要多嚼几下，细嚼慢咽。需要注意的是，给孩子吃的鱼一定要熟透。另外，鱼肉买回家后最好采用清蒸或烤的方式烹制，避免油炸，以保留最多的营养。

◯摄入含碘丰富的食物

碘是制造甲状腺素所必需的元素。甲状腺素除了调节身体新陈代谢外，还能促进神经系统功能发育。若碘摄入不足，会使脑细胞数量减少，脑容量降低，直接影响婴幼儿的智力发育。在婴幼儿生长发育阶段，要及时添加含碘食物，如海带、紫菜等（可将海带、紫菜泡发，切碎，炖烂）。食用碘盐要特别注意，菜做好时再放入碘盐，可以减少碘的损失。

○要让孩子多吃蔬菜

虽然蔬菜和水果都含有丰富的维生素和无机盐，但蔬菜含有的维生素、无机盐比水果丰富，含有的纤维素、胡萝卜素也更多，具有抗癌、防癌作用。蔬菜中所含的糖以多糖为主，进入人体后以单糖形式吸收，不会使血糖急剧升高；而水果所含的糖进入人体后会很快消化进入血液，会使血糖很快升高。过多的糖会在肝脏内转为脂肪，易产生肥胖，因此家长要想办法让孩子多吃蔬菜。

3 ~ 6 岁学龄前儿童的营养需求

学龄前儿童的身体处于发育的关键期，所以要保证各类营养素的需求。学龄前儿童的乳牙已出齐，咀嚼能力增强，消化吸收能力已基本接近成人，膳食可以和成人基本相同，可与家人共餐。由于学龄前儿童基础代谢率高，生长发育迅速，活动量比较大，所消耗的热量比较多，营养需要量仍相对较高。每个孩子的食量也会根据生长速度、每日活动量和体质等的不同而有所差别，最重要的是保证吃到富含多种营养的食物。

○谷物

谷类食物分为全谷物和精制谷物。所有谷类的谷粒都有三个部分：胚乳、胚芽和谷皮。在制作的过程中，不除去胚芽和谷皮，就是全谷类，如糙米、荞麦、燕麦、玉米、全麦面包；而精制谷物在加工过程中去除了胚芽和谷皮，如玉米面包、白面包、面条、米饭和饼干等。由于谷类中的维生素、无机盐、纤维素及油脂大都存在于谷皮和胚芽中，因此家长们在给孩子吃的谷物中不应全部选择精米、精面类食品。谷类食物中含有帮助消化的纤维素和提供能量的糖类以及丰富的 B 族维生素，有些强化速食麦片能提供一天所需的多种维生素和无机盐。

◯蔬菜

蔬菜富含膳食纤维素、维生素 C、维生素 A 和钾。此外，大多数蔬菜还含有抗氧化元素，这些抗氧化物质也许能降低以后患癌症和心脏病的风险。给孩子做饭时，应注意将蔬菜切小、切细，方便孩子咀嚼和吞咽。同时，还要注重蔬菜品种、颜色和口味的变化，从而鼓励孩子多吃蔬菜。蔬菜根据颜色深浅，可以分为深色蔬菜和浅色蔬菜，深色蔬菜的营养价值一般优于浅色蔬菜。深色蔬菜是指深绿色、红色、橘红色、紫红色蔬菜，这类蔬菜富含胡萝卜素，是中国居民膳食维生素 A 的主要来源，还含有其他多种色素物质和芳香物质，可以促进食欲。常见的

深绿色蔬菜有菠菜、油菜、芹菜叶、空心菜、西蓝花等；常见的红色、橘红色蔬菜包括番茄、胡萝卜、南瓜等；常见的紫红色蔬菜是红苋菜、紫甘蓝等。

○水果

水果也能提供大量膳食纤维、维生素 C、维生素 A 和钾。此外，多数水果还含有抗氧化元素，这些元素可降低孩子以后患癌症和心脏病的风险。水果能补充蔬菜摄入的不足。水果中的糖类、有机酸和芳香物质比新鲜蔬菜多，而且水果食用前不用加热，营养成分不受烹调因素的影响。但是不能用果汁代替水果，因为果汁是水果经压榨去掉残渣而制成的。这些加工过程会使水果的营养成分（如维生素 C、膳食纤维等）发生一定量的损失。

○奶类

多数奶制品都富含强化牙齿和骨骼的钙质，吸收率高，是孩子最理想的钙源。每天喝 300 ~ 600 毫升牛奶，就能保证孩子的钙摄入量达到适宜水平。奶制品还是很好的蛋白质来源，如果孩子不喜欢吃肉，多吃奶制品也可以补充蛋白质。3 ~ 6 岁孩子每天喝 250 毫升左右的牛奶比较合适。给孩子选择牛奶时，要特别注意不要用含乳饮料代替液体牛奶。含乳饮料不是奶，而是低蛋白、低钙和高糖以及添加了多种添加剂的产品。

○肉类和豆类

实际上这一类指的是所有能提供蛋白质的食物，包括肉类和豆类，还有鱼类、蛋类和坚果，这些食物能为孩子提供铁、锌和部分 B 族维生素。中国学龄前儿童铁的适宜摄入量为每天约 12 毫克，锌的推荐摄入量与铁相同，碘的推荐摄入量为每天 50 微克。如果孩子经常吃猪肉，建议调整肉食结构，适当增加鱼、禽类，推荐每日摄入量 30 ~ 50 克，最好经常变换种类。大豆制品，如豆腐、豆浆等，都可以给孩子吃。

6 ~ 12 岁学龄期儿童的营养需求

我国营养学会建议儿童热能供给量为:

7 ~ 10 岁，800 ~ 2100 千卡；10 ~ 13 岁，2300 千卡。

○蛋白质

蛋白质是机体组织细胞的基本成分，其需要量与食物蛋白质的氨基酸组成有密切关系。学龄儿童正处于生长发育旺盛时期，所需蛋白质最多，4 ~ 12 岁儿童每日每千克体重所需蛋白质为 0.84 ~ 1.01 克。蛋白质的需要量与热能摄入量有密切关系。热能供给必须满足儿童需要，否则膳食中的蛋白质便不能发挥其特殊的生理功能，所以蛋白质供给量常占热能供给量的一定比例。我国 3 ~ 12 岁儿童的蛋白质供给量占热能的 12% ~ 14%，即 5 ~ 6 岁时为 50 ~ 55 克，7 ~ 10 岁时为 60 ~ 70 克，11 ~ 12 岁时为 70 ~ 75 克，普遍高于世界卫生组织的建议。

○无机盐和微量元素

生长发育期的儿童合成蛋白质和骨骼生长都需要大量的无机盐，如钙、磷对骨骼和牙齿的发育及钙化来说是必需的。另外，铁、碘、锌、铜、铬、氟等微量元素也与生长发育有极大的关系，如缺铁可以引起营养不良性贫血，应特别引起注意。

★ 1 千卡 ≈ 4185 焦耳（焦耳是国际单位制中能量、功或热量的导出单位，我们日常生活中习惯使用千卡计量。）

钙和磷

中国营养学会建议，6 ~ 10 岁儿童钙供给量为每天 800 毫克，10 ~ 12 岁儿童为每天 1000 毫克。我国膳食中奶类较少，钙质主要来源于蔬菜和豆制品，由于蔬菜中的植酸、草酸、纤维素、果胶等对钙吸收有一定的影响，因此供给量要略微提高。我国膳食中磷的含量一般不致缺乏。骨粉、鱼粉是理想的钙和磷的来源，不仅比例合适，而且容易吸收利用。如有佝偻病的症状应及时治疗，必要时给予钙和维生素 D 制剂。

铁

学龄时期儿童生长发育旺盛，造血功能也大大增加，对铁的需要量较成人高。中国营养学会建议 6 ~ 12 岁的儿童铁的供应量为每天 10 ~ 12 毫克。若从食物中摄入不足时，可用含铁的强化食品或铁制剂来补充。

锌

中国营养学会建议 4 ~ 6 岁的儿童锌的供给量为每天 6 ~ 10 毫克，7 ~ 12 岁为 10 ~ 15 毫克，可供制定食谱或膳食供应时参考。一般来说，谷物及蔬菜中的植酸、草酸、纤维素含量多，会影响到锌的吸收，因此最好选用含锌比较丰富的海产品或肉、内脏等食品。

其他微量元素

若儿童缺碘，生长和智力发育都会受影响，因此要多吃些海带等海产品；缺碘地区更应供给加碘的食盐。另外，钴、铜、镁、硒及氟等皆为儿童所必需的微量元素，在一般情况下不会缺乏，但有些地区因水与土壤中缺乏某种微量元素，而易引起某些特殊疾病，须注意预防。

◯维生素

维生素 A

我国儿童膳食中，乳、蛋和肝等高维生素 A 的食品不多，主要靠各种蔬菜中的胡萝卜素供给。而胡萝卜素在体内利用率较差，因此 5 岁以上的儿童应多吃些奶油、动物肝脏等维生素 A 含量高的食品或口服维生素 A 制剂，每日需摄入 2000 ~ 4000 国际单位。

维生素 D

学龄儿童的骨骼发育虽较婴儿慢，但若缺乏维生素 D 仍可出现佝偻病。含维生素 D 的食物有限，而且含量还不能满足儿童生长发育的需要，因此应给予鱼肝油或其他维生素 D 制剂。一般每日应摄入 300 ~ 400 国际单位或多晒太阳。

维生素 C

世界各国对维生素 C 的供给量意见不一，我国规定 3 ~ 11 岁儿童，每 2 ~ 3 岁为一个年龄组，维生素 C 的供给量分别为 40、45、50 毫克，高于国外所定的标准。这已考虑到食物在烹调过程中的损失，而且摄入量略高，有助于增强免疫力。

B 族维生素

B 族维生素的需要量与热能成正比，即每摄入 1000 千卡的热能应供给维生素 $B_1$0.6 毫克、维生素 $B_2$0.5 毫克和烟酸 6 毫克。我国膳食中一般不缺乏维生素 B_1 和烟酸，但若以精米或白面，以及玉米为主食，又不能补充适当副食，即可能出现缺乏维生素的症状。应尽量选用动物内脏、蛋类、豆酱、豆腐乳、花生、芝麻酱及新鲜绿叶蔬菜，以提高 B 族维生素的供应量。

培养儿童平衡饮食

食物种类要平衡

妈妈给孩子准备辅食，一定要做到“杂”和“广”。一般可食用的植物性食物共有 7 大类，分别是谷类、豆类、薯类、真菌类、藻类、水果类、蔬菜类；可食用的动物性食物有 6 大类，分别是畜肉类、蛋类、奶类、禽类、鱼类和甲壳类。选择食物时不可偏废、广泛摄取，才能做到真正意义上的平衡膳食。

粗粮和细粮要平衡

现代人吃惯了精米白面，不妨让粗粮重返餐桌。五谷杂粮中富含的淀粉、膳食纤维以及 B 族维生素是其他食物无法比拟的，因此要保证孩子每天吃五谷杂粮。这不仅对孩子的日常活动、生长发育和健康至关重要，也可以为孩子成年后的饮食习惯和身体健康打下良好基础。

食物冷热要平衡

要注意孩子膳食的冷热平衡。很多小孩子一到夏季就咳嗽，因为吃了一肚子冰激凌，胃里温度骤降。胃的温度一下降，相临的肺的温度也随着

下降了，造成毛细血管不扩张，自然就会咳嗽。到了秋天换季时，冷空气一刺激也会咳嗽，都是同一个道理。所以，古代有一句话叫“热食伤骨，冷食伤肺，热无灼唇，冷无冰齿”，就是说，热别烫着嘴，冷别凉着牙，要控制好冷热，才是健康饮食之道。

吃饭快慢要平衡

对于进餐速度，医书中是这样记述的：“食不欲急，急则损脾，法当熟嚼令细。”不论粥饭点心，都应该嚼得细细的再咽下去。咀嚼是帮助消化的重要环节，孩子的脾胃功能还不够完善，咀嚼能力差，狼吞虎咽是娇嫩的消化道难以适应的，于是就容易出现问题。建议父母养成好习惯，经常提醒孩子：“多嚼嚼！多嚼嚼！”吃饭时细嚼慢咽的孩子肠胃功能都不错，生病少。即便生病，也会因为营养吸收得好、免疫力强而快速恢复。

饥与饱要平衡

古语云：“要想小儿安，三分饥与寒。”孩子的胃容量小，一次吃不了多少，但活动量大，一会儿就饿。很多父母怕麻烦，希望孩子一次多吃点儿，就不停地催促。这种情况很容易造成孩子积食，甚至几天不愿意吃东西。建议家长多准备些小零食，如几颗枣，一块儿南瓜，一片面包抹点芝麻酱、鹅肝酱、乳酪什么的……做到“先饥而食，先渴而饮，饥不可太饥，饱不可太饱”，这就是饥与饱的平衡原则。

儿童四季保健饮食调理

春、夏、秋、冬四季气候各不同，儿童的饮食也应随季节而变，每个季节儿童的饮食搭配也应各具特点。

春季的饮食调护

春天是万物生长的季节，也是孩子长身体的最佳时机。对于朝气蓬勃、发育迅速的小儿来说，春天更应注意饮食调养，以保证其健康成长。

营养摄入丰富均衡，钙是必不可少的，应多给孩子吃一些鱼、虾、鸡蛋、牛奶、豆制品等富含钙质的食物，并尽量少吃甜食、油炸食品及饮用碳酸饮料，因为它们是导致钙质流失的“罪魁祸首”。蛋白质也是不可或缺的，鸡肉、牛肉、小米都是不错的选择。

早春时节，气温仍较寒冷，人体为了御寒，要消耗一定的能量来维持基础体温。所以早春期间的营养构成应以高热量为主，除豆制品外，还应选用芝麻、花生、核桃等食物，以便及时补充能量。由于寒冷的刺激可使体内的蛋白质分解加速，导致机体免疫力降低而致病。因此，早春时节还需要注意给小儿补充富含优质蛋白质食品，如鸡蛋、鱼类、虾、牛肉、鸡肉、兔肉和豆制品等。

春天气温变化较大，细菌、病毒等微生物开始繁殖，活动力增强，容易侵犯人体，所以在饮食上应摄取足够的维生素和无机盐。小白菜、油菜、青椒、番茄、鲜藕、豆芽菜等新鲜蔬菜和柑橘、柠檬、草莓、山楂等水果都富含维生素 C，具有抗病毒作用；胡萝卜、苋菜、油菜、雪里蕻、番茄、韭菜、豌豆苗等蔬菜和动物肝脏、蛋黄、牛奶、乳酪、鱼肝油等动物性食品都富含维生素 A，具有保护和增强上呼吸道黏膜和呼吸器官上皮细胞的功能，从而可抵抗各种致病因素的侵袭。也可多吃含有维生素 E 的芝麻、包菜、菜花等食物，以提高人体免疫功能，增强机体的抗病能力。春天多风，天气干燥，妈妈一定要注意及时为孩子补充水分。另外，还要注意尽量少让孩子吃膨化食品和巧克力，以免上火。

春季患病或病后恢复期的小儿，以清淡、细软、味鲜可口、容易消化的食物为主。可食用大米粥、冰糖薏米粥、赤豆粥、莲子粥、青菜泥、肉松、豆浆等。春季孩子易过敏，所以饮食上需要特别注意，尤其是那些过敏体质的儿童更要小心食用海鲜等易引起过敏的食物。

夏季的饮食调护

炎热的夏季，人体对蛋白质、水、无机盐、维生素及微量元素的需求量有所增加，对于生长发育旺盛期的儿童来说更是如此。

首先是对蛋白质的需要量增加。夏季蛋白质分解代谢加快，并且汗液可以使大量微量元素及维生素丢失，使人体的免疫力降低。在膳食调配上，要注意食物的色、香、味，多在烹调技巧上用点心，使孩子增加食欲。可多吃些凉拌菜、豆制品、新鲜蔬菜和水果等。夏季可以给孩子多吃一些具有清热祛暑功效的食物，如苋菜、莲藕、绿豆芽、番茄、丝瓜、黄瓜、冬瓜、菜瓜、西瓜等，尤其是番茄和西瓜，既可生津止渴，又有滋养作用。另外，还可选食豆类、瘦猪肉、牛奶、鸭肉、红枣、香菇、紫菜、梨等，以补充丢失的维生素。同时，由于夏季气温高，孩子的消化酶分泌较少，容易引起消化不良或感染肠炎等肠道传染病，需要适当地为孩子增加食物量，以保证足够的营养摄入。最好吃一些清淡易消化、少油腻的食物，如黄瓜、番茄、莴笋等含有丰富维生素 C、胡萝卜素和无机盐等营养成分的食物。此外，豆浆、豆腐等豆制品所含的植物蛋白最适合孩子吸收。多变换花样、品种，以增进儿童食欲。在烹调时，鱼宜清炖，不宜用油煎炸，还可巧用酸辣等调料来开胃。

白开水是孩子夏季最好的饮料。夏季孩子出汗多，体内的水分流失也多，孩子对缺水的耐受性比成人差，当有口渴的感觉时，其实体内的细胞已有脱水的现象了。脱水严重时还会导致发热。孩子从奶和食物中获得的水分约 800 毫升，但夏季孩子应摄入 1100 ~ 1500 毫升的水，因此多给孩子喝白开水非常重要，可起到解暑与缓解便秘的双重作用。夏天要少喝冷饮、少吃冷食。幼儿的胃肠道功能尚未发育健全，黏膜血管及有关器官对冷饮、冷食的刺激尚不适应，多食冷饮、冷食会引起腹泻、腹痛及咳嗽等症状，甚至诱发扁桃体炎。

秋季的饮食调护

秋天气候宜人，人体的消耗逐渐减少，食欲也开始增加。因此，家长可根据秋天季节的特点来调整饮食，使婴幼儿能摄取充足的营养，促进孩子的发育成长，补充夏季的消耗，并为越冬做准备。

金秋时节，果实大多成熟，瓜果、豆荚类蔬菜的种类很多，肉类、蛋类也比较丰富。秋季饮食构成应以防燥滋润为主。事实证明，秋季应多吃些芝麻、核桃、蜂蜜、蜂乳、甘蔗等，水果应多吃些雪梨、鸭梨。梨营养丰富，含有蛋白质、脂肪、葡萄糖、果糖、维生素和无机盐，不仅是人们喜爱吃的水果，也是治疗肺热痰多的良药。

秋天有利于调养生机、去旧更新。对素来体弱、脾胃不好、消化不良的小儿来说，可以吃一些健补脾胃的食品，如莲子、山药、扁豆、芡实、栗子等。鲜莲子可生食，也可做肉菜、糕点或蜜饯。

秋季饮食要遵循“少辛增酸”的原则，即少吃一些辛辣的食物，如葱、姜、蒜、辣椒等，多吃一些酸味的食物，如广柑、山楂、橘子、石榴等。

此外，由于秋季较为干燥，饮食不当很容易出现嘴唇干裂、鼻腔出血、皮肤干燥等上火现象，因此家长们还应多给孩子吃些润燥生津、清热解毒及有助消化的蔬果，如胡萝卜、冬瓜、银耳、莲藕、香蕉、柚子、柿子等，还要注意少食葱、姜、蒜、辣椒等辛辣食物。另外，及时为孩子补充水分也是相当必要的，除日常饮用白开水外，妈妈还可以用雪梨或柚子皮煮水给孩子喝，同样能起到润肺止咳、健脾开胃的功效。秋季天气逐渐转凉，是流行性感冒多发的季节，家长们要注意在日常饮食中让孩子多吃一些富含维生素 A 及维生素 E 的食品，增强机体免疫力，预防感冒。

冬季的饮食调护

冬季气候寒冷，人体受寒冷气温的影响，机体的生理功能和食欲均会发生变化。因此，合理地调整饮食，保证人体必需营养素的充足，对提高幼儿的机体免疫力是十分必要的。在此期间，家长们需要了解冬季饮食的基本原则，从饮食着手，增强孩子的抗寒和抗病力。

小儿冬天的营养应以增加热量为主，可适当多摄入富含糖类和脂肪的食物，还应摄入充足的蛋白质，如瘦肉、鸡蛋、鱼类、乳类、豆类及其制品等。这些食物所含的蛋白质不仅利于人体消化吸收，而且富含必需氨基酸，营养价值较高，可增加人体耐寒和抗病能力。

幼儿冬季的户外活动相对较少，接受室外阳光照射的时间也短，很容易缺乏维生素 D。这就需要家长定期给孩子补充维生素 D，每周 2 ~ 3 次，每次 400 国际单位。同时，寒冷气候使人体氧化功能加快，维生素 B_1、维生素 B_2 代谢也明显加快，饮食中要注意及时补充富含维生素 B_1、维生素 B_2 的食物。维生素 A 能增强人体的耐寒力，维生素 C 可提高人体对寒冷的适应能力，并且对血管具有良好的保护作用。同时，有医学研究表明，体内缺少无机盐就容易产生怕冷的感觉，要帮助孩子抵御寒冷，建议家长们在冬季多让孩子摄取含根茎的蔬菜，如胡萝卜、土豆、山药、红薯、藕及青菜等，这些蔬菜的根茎中所含无机盐较多。

冬天的寒冷可影响到人体的营养代谢。在日常饮食中可多食一些瘦肉、肝、蛋、豆制品和虾皮、虾米、海鱼、紫菜、海带等海产品，以及芝麻酱、豆制品、花生、核桃、赤豆、芹菜、橘子、香蕉等食物。冬季是最适宜滋补的季节，对于营养不良、免疫力低下的儿童更宜进行食补，食补有药物所不能替代的效果。可选食粳米、籼米、玉米、小麦、黄豆、赤豆、豌豆等谷豆类；菠菜、韭菜、萝卜、黄花菜等蔬菜；牛肉、羊肉、兔肉、鸡肉、猪肚、猪肾、猪肝及鳝鱼、鲤鱼、鲢鱼、鲫鱼、虾等肉食；橘子、椰子、菠萝、莲子、大枣等果品。此外，冬季的食物应以热食为主，以煲菜类、烩菜类、炖菜类或汤菜等为佳，不宜给孩子多吃生冷的食物。生冷的食物不易消化，容易伤及孩子的脾胃，脾胃虚寒的孩子尤要注意。冬季热量散发较快，用勾芡的方法可以使菜肴的温度不会降得太快，如羹糊类菜肴。

PART 02

儿童营养不均衡，阻碍生长发育

缺 锌

锌是一些酶的组成要素，参与人体多种酶活动，参与核酸和蛋白质的合成，能提高人体的免疫功能。在孩子生长发育的过程中，锌发挥着很大的作用，常被人们誉为“生命之花”和“智力之源”。锌能促进孩子生长发育，维持正常食欲，同时还能增强孩子的免疫力。

怎样判断孩子是否缺锌

家长可以通过舌苔判断孩子是否缺锌，舌面上一颗颗小小的凸起与正常孩子的舌面凸起相比多呈扁平状，或呈萎缩状态。有的缺锌孩子会出现明显的口腔黏膜剥脱，形成“地图舌”。

孩子缺锌的危害

母乳中的锌含量很高，所以母乳喂养时期的孩子一般不会缺锌。随着孩子慢慢长大，由于生长发育速度较快，对锌的需求量增多，如果缺锌，就会导致免疫力下降、发育不良，严重缺锌时还会导致“侏儒症”和智力发育不良。此外，缺锌会导致味觉下降，出现厌食、偏食甚至异食。所以，妈妈在给孩子添加辅食时要注意补锌。

日常饮食如何补锌

在平时的饮食中，要尽量避免长期吃精制食品，注意粗细搭配。已经缺锌的儿童必须选择服用补锌制剂，为利于吸收，口服锌剂最好在饭前1～2小时服用；补锌的同时还应增加蛋白质摄入及治疗缺铁性贫血，这样能更快地改善锌缺乏症状。不过还应注意的是，人体内锌过量也会带来诸多危害。虽然锌是参与免疫功能的一种重要元素，但是锌过量时能抑制吞噬细胞的活性和杀菌力，从而降低人体的免疫功能，使抗病能力减弱，而对疾病的易感性增加。

在我们日常食用的食物中，含锌较多的有牡蛎、蛏子、鲜贝、牛肉、瘦肉、西蓝花、口蘑、香菇、栗子、萝卜、海带、白菜、银耳、蛋黄、黄豆、小米、粗粮、核桃、花生、西瓜子、榛子、松子、腰果等。

高锌食物排行

食物名称（100g）	锌含量（mg）
牡蛎	71.20
蕨菜	18.11
牛肉	13.60
核桃	12.59
鲜贝	11.69
口蘑	9.04
香菇	8.57
板栗	8.00

缺 铁

由于儿童发育得快，需铁量也相对较多，所以缺铁对孩子的健康成长有很大的威胁。在我国，儿童和成人的铁缺乏现象非常普遍。孩子缺铁的原因有很多，即使是健康的足月孩子，到半岁左右的时候，体内的铁元素也基本上用完了。这时候如果不及时补充，就会引起缺铁性贫血等问题。

缺铁性贫血可引起胃酸减少、肠黏膜萎缩，影响胃肠道正常消化吸收，引起营养缺乏和吸收不良综合征等，从而影响儿童正常的生长发育。缺铁时人体肌红蛋白合成受阻，可引起肌肉组织供氧不足，运动后易发生疲劳、乏力、活动力减退等情况，从而影响儿童的活动能力。

缺铁还会影响智力发育，患缺铁性贫血的儿童易有反应能力低下、注意力不集中、记忆力差、易动怒、智力减退等表现。当体内铁元素缺乏时，可使许多与杀菌有关的含铁酶以及铁依赖性酶活力下降，还可直接影响到淋巴细胞的发育与细胞免疫力。

怎样判断孩子是否缺铁

①**看肤色。**缺铁往往会引起孩子贫血，所以如果孩子的肤色不红润，嘴唇有发白的情况，则有可能是缺铁性贫血引起的，这时家长应该注意要给孩子适当补充铁。

②**看生长情况。**如果孩子的身高比标准身高要矮一些，那有可能就是缺乏某些微量元素引起的。这时候孩子要做微量元素检测，看看究竟是因为缺铁还是缺其他微量元素而导致发育缓慢。

③**看症状。**缺铁的孩子容易出现指甲与手指连接处开裂、嘴角开裂等问题，家长也可以根据这些症状来判断孩子是否存在缺铁的问题。

补铁最安全的方法就是食补

日常供给的食物一定要结合小儿年龄、消化功能等特点，食物营养素要齐全，其量和比例要恰当，不宜过于精细、含糖过多、过于油腻、调味品过于浓烈及带有刺激性。品种要多样化，烹调时不要破坏营养物质，并且做到色、香、味俱佳，以增加小儿食欲。

从添加辅食开始，妈妈就可以给孩子多吃一些含铁量比较丰富的食物。富含铁元素的食物有动物肝脏、瘦肉、蛋黄、鸡、海鱼、海虾、豆类、菠菜、芹菜、油菜、苋菜、荠菜、黄花菜、番茄、杏、桃、李子、葡萄干、红枣、樱桃、核桃等。其中，动物性铁元素的吸收率比较高，植物性铁元素的吸收率相对低一些。另外，需要妈妈们注意的是，维生素 C 有助于铁元素的吸收，妈妈们在给孩子补铁的时候也要注意补充足够的维生素 C，多给孩子吃些水果和蔬菜。有些蔬菜中含有叶酸，如菠菜、芥菜、茭白等，如果直接和含铁量高的食物一起烹饪，不利于铁的吸收。另外，高纤维的食物也不利于铁的吸收，妈妈们一定要多加注意。如果孩子需要使用药物补铁，一定要在医生的指导下进行，因为补充过多也会危害孩子的健康。

由于单一食物无法供给人们所必需的全部营养成分，所以膳食的调配一定要平衡。纠正一些不良的进食习惯，如强迫、引诱进食以及挑食、偏食，还要彻底治疗各种慢性失血性疾病。此外，平时可配合食疗来补养身体；饮食应有规律、有节制，严禁暴饮暴食；劳逸结合，进行适当的体育活动。

缺 钙

钙是人体中含量最多的无机盐，对人体骨骼、牙齿的发育具有非常重要的作用。另外，人体的血液、组织液等其他组织中也有一定的钙含量，虽然这些占人体含钙量不足 1%，但是对于骨骼的代谢和生命体征的维持有着非常重要的作用。钙还可以维持肌肉神经的正常兴奋性，调节细胞和毛细血管的通透性和强化神经系统的传导功能等。随着年龄的增长，孩子对钙的需求逐渐增加，所以应在日常的饮食上给孩子及时补充钙质。

怎样判断孩子是否缺钙

由于孩子生长迅速，当户外活动少、晒太阳少时，常引起钙的吸收不足而导致各种缺钙表现。孩子缺钙严重时，肌肉、肌腱均松弛。如果腹壁肌肉、肠壁肌肉松弛，可引起肠腔内积气而形成腹部膨大如蛙腹状；如果是脊柱的肌腱松弛，可出现驼背。缺钙的表现各种各样，最常见的症状就是夜惊夜啼、枕秃圈、夜间盗汗、方颅、骨骼畸形、出牙延迟、易患龋齿等，这也是医生临床判断宝宝是否缺钙的主要依据。通常缺钙的诊断依据还有：

①是否长期钙摄入不足或维生素 D 摄入不足；

②医院体检或骨密度测定结果。

家长应学会根据孩子的表现判断自己的孩子是否缺钙，以便在缺钙时及时给孩子提供含钙丰富的食物。

怎样正确补钙

①**选择适当时间。**钙的吸收在夜间处于峰值，因此，临睡前给宝宝喝点牛奶或适量吃补钙食品，补钙效果会比较好。钙还有镇静作用，可以帮助宝宝睡个安稳觉。

②**搭配好“搭档”。**维生素 D 缺乏的时候，钙的吸收率只有 10% ~ 15%，如果补充了维生素 D，吸收率可以达 40% 以上。所以补充钙的同时一定要注意补充维生素 D。

③**钙剂不要与主餐混吃。**如果在吃饭时服用钙制品，也会影响钙的吸收，混在食物中的钙吸收率仅为 20%。所以补钙时应该与早、中、晚餐间隔半小时以上。

④**避免过量补钙。**补钙要适量，不是越多越好。1 ~ 6 个月时，母乳喂养的宝宝每天需要钙约 300 毫克，人工喂养的宝宝每天需钙量约 400 毫克。7 ~ 12 个月的宝宝每天需要补钙约 500 ~ 600 毫克。而到了 1 ~ 3 岁，每天需要钙约 600 ~ 800 毫克。如果摄入过量钙，可能会造成宝宝便秘，甚至干扰宝宝对微量元素，如锌、铁、镁等的吸收。

含钙高的常见食物

钙的食物来源很丰富。乳制品，如牛奶、羊奶及其奶粉，乳酪，酸奶；豆类与豆制品；海产品，如虾、虾米、虾皮、海鱼等；肉类与禽蛋，如羊肉、猪肉、猪骨、鸡蛋等；蔬菜类，如黑木耳、蘑菇、白菜等；水果与干果类，如苹果、黑枣、杏仁、南瓜子、花生、莲子等。食物补钙相对比较健康，因此给孩子的食物中可以适当添加富含钙质的食物，如奶酪、高钙饼干等。对于不喜欢奶制品或者对乳糖不耐受的孩子来说，可以多食一些替代品，如瘦肉、牡蛎、紫菜、鸡蛋、西蓝花、卷心菜、小白菜、核桃、花生等。

缺 硒

硒是儿童健康成长必需的微量元素，补硒有助于保护视力、增强免疫力、促进儿童生长发育，帮助儿童解毒、排铅、抗污染。硒是人体的重要微量元素，需要通过饮食及各种外源物质才能被人体吸收利用。人体硒元素的缺乏或者过量都会引起疾病，研究发现人类有 40 余种疾病与体内缺硒有直接关系。通过适量补硒能够预防疾病的发生，提高机体免疫功能，保护人体心、肝、肾、肺、脾等重要脏器，所以儿童更应该补硒。

怎样判断孩子是否缺硒

宝宝缺硒的基本症状是出现疲劳乏力、身材矮小等情况。硒是维持人体正常生理的微量元素，缺硒的宝宝免疫力差、厌食、经常生病，甚至影响身体的生长发育。

○疲劳乏力、心慌、面色苍白、心跳加快（克山病）

宝宝硒缺乏最明显的病症是克山病，主要发生于 2 ～ 6 岁儿童和育龄妇女。克山病的主要症状表现为疲劳乏力、心慌、面色苍白、心跳加快，检查可发现心脏扩大、心功能失代偿，甚至发生休克、心力衰竭、心律失常。克山病多发生于农村、山区，主要是由膳食过于单一造成的。

◯骨关节粗大，身材矮小

宝宝缺硒还可导致大骨节病，主要表现为骨关节粗大、身材矮小、劳动力丧失，往往和克山病在同一个地区流行。大骨节病的临床表现为四肢关节增大。此病病情进展缓慢，早期有麻木感，运动不灵，严重时出现方掌、身材矮小等。本病不影响患者智力和寿命，但是影响劳动能力。

◯甲状腺肿大

甲状腺肿大不仅与碘有关，缺硒也是导致甲状腺肿大的重要因素之一。硒元素可以促进甲状腺吸收碘量增加，硒缺乏则会使其缺碘，继而易得甲状腺肿大。

◯免疫力低

宝宝在低硒状态下，机体的体液免疫和细胞免疫水平都有不同程度的下降，一些免疫球蛋白反应能力降低，免疫反应时间延长，以致当机体受外界致病因子侵害时，不能及时有效地抵御和杀灭它们。所以缺硒的宝宝免疫力差、厌食、经常生病，甚至影响身体的生长发育 。

缺硒对孩子危害大吗

硒是维持人体正常生理功能的重要微量元素。有研究发现，硒与小儿的智力发育息息相关，先天愚型患儿血浆的硒浓度较正常值偏低。宝宝缺硒易患假白化病，表现为牙床无色，皮肤、头发无色素沉着，以及巨幼细胞贫血。儿童近视、面容消瘦、痤疮、龋齿等都与硒元素缺乏有关，甚至还会导致白血病、神经系统肿瘤等儿童恶性肿瘤疾病。

缺硒孩子应该怎样正确补硒

可在医生的指导下服用硒制剂来补充硒。但硒元素补充过量会导致体内维生素 B_{12}、叶酸和铁代谢紊乱，如不及时治疗，对宝宝的智力发育有不良影响。小孩子最好不要通过药物补硒，因为硒的安全限量比较低，盲目补充可能产生毒害作用，最好通过食补。

在宝宝的日常饮食中，可以增加富含硒的食物摄入，如海鱼、动物内脏、粗粮等。提高宝宝免疫力，避免宝宝因缺硒对身体健康发育造成严重影响。并且给宝宝吃多种食物做成的混合食物，纠正宝宝偏食、挑食的不良习惯。

硒含量高的动物性食物有猪肾、鱼、小海虾、对虾、海蜇皮、驴肉、羊肉、鸭蛋黄、鹌鹑蛋、鸡蛋黄、牛肉等；硒含量高的植物性食物有松蘑（干）、红蘑、茴香、芝麻、大杏仁、枸杞子、花生、黄花菜、豇豆等。

缺 碘

碘能维持机体能量代谢和产热。碘缺乏引起的甲状腺激素合成减少，会导致基本生命活动受损和体能下降，这个不良反应是终身的。

碘能促进体格发育。甲状腺激素调控生长发育期儿童的骨发育、性发育、肌肉发育及身高体重。甲状腺激素的缺乏会导致体格发育落后、性发育落后、身体矮小、肌肉无力等症状和体征。

碘能促进脑发育。在胎儿或婴幼儿脑发育的一定时期内必须依赖甲状腺激素，它的缺乏会导致不同程度的脑发育落后，长大后会有不同程度的智力障碍。这种障碍基本上是不可逆的。

怎样判断孩子是否缺碘

作为孩子的母亲，首先应该密切注意宝宝的身体、起居和动作等方面有无异常。如果发现宝宝出生后哭声无力、声音嘶哑、腹胀、不愿吃奶或吃奶时吸吮无力、经常便秘，脑门也比一般的宝宝大，皮肤发凉、水肿以及皮肤长时间发黄不退时，应及时去医院检查宝宝是否缺碘。

平时在宝宝醒来时，手脚很少有动作或动作甚为缓慢，甚至到了一定的月龄也不会抬头、翻身、爬坐等，千万不要把这些都看成是宝宝“省心”“不淘气”，而应高度重视宝宝是否有甲状腺功能减退的可能。因为缺碘所致甲状腺功能减退患儿的最大特点，就是从出生就给人以“老实”的感觉，常常是大人把他放到哪里，他便老老实实地原地不动；有时大人没有及时给他喂奶、吃饭，他也不会因饥饿而吵闹不休。

缺碘的危害

重度碘缺乏的儿童，智力损伤严重，智商低于 50。这种儿童自己不能照顾自己，生活上的衣食住行需要别人帮助，不能上学，寿命很短，医学上称为“地方性克汀病”。

轻度碘缺乏的儿童智力损伤较轻，智商在 50 ~ 69 之间。上小学前常被认为是“正常儿童”，但进入学校学习后，逐渐表现出智力方面存在的问题，如考试不及格、留级，甚至难以毕业。医学上将因碘缺乏而导致的上述症状称为“地方性亚临床克汀病”。

缺碘孩子应该怎样正确补碘

从胎儿到生后 2 岁，是人脑发育的重要阶段。这个时期每日至少需要 40 ~ 70 微克的碘来合成足够的甲状腺激素以保证正常脑发育，而此时婴幼儿尚未添加辅食，如果碘摄入仅靠代乳品将远远跟不上婴幼儿的体格生长发育和脑发育的需要。最好的补碘途径是通过母乳喂养的方法从母体得到足够的碘以保证婴幼儿生理需要。有资料表明，母乳喂养的婴幼儿尿碘水平高出其他方式喂养的 1 倍以上。这个时期只要供给母体足够的碘，婴幼儿就不会发生碘缺乏。哺乳期妇女每天至少要摄入 200 微克碘，才能保证母婴两人的碘需要量，有效地预防碘缺乏对母婴的危害。

从配方食品中给婴幼儿补碘是安全、直接、有效的方式。宝宝吃下营养美味的食物（如婴幼儿营养米粉、婴儿专用奶粉）的同时，也获取了足量的碘元素，促进宝宝的成长发育。

当然，人体摄入的碘量不是越多越好。当机体摄入的碘长期超过正常生理需要量时，也可以引起甲状腺肿大，以至于出现甲状腺功能亢进等疾病。所以，人体对碘的依赖性就是这样，少了要得病，多了也不行。

补碘的常见食物

○海产品

海洋生物的含碘量很高。含碘最高的食物为海产品，如海带、紫菜、鲜带鱼、蛤干、干贝、海参、海蜇、龙虾等。海带含碘量最高，干海带中达 240 毫克 / 千克以上；其次为海贝类及鲜海鱼，达到 800 微克 / 千克。但是，盐中含碘量极微，越是精制盐含碘越少，海盐中的含碘量约 20 微克 / 千克。

○陆地食物

陆地食品则以蛋、奶含碘量最高，达到 40 ~ 90 微克 / 千克，其次为肉类，淡水鱼的含碘量低于肉类，植物的含碘量是最低的，特别是水果和蔬菜。人体碘的 80% ~ 90% 来自食物，10% ~ 20% 通过饮水获得，5% 的碘来自空气，因此食物中的碘是人体碘的主要来源。食物中的碘化物被还原成碘离子后才能被吸收，与氨基酸结合的碘可直接被吸收。

缺维生素 A

维生素 A 是一种脂溶性维生素（类似维生素 D），是人体维持正常的视觉、免疫、生殖和生长发育的重要微量元素。维生素 A 可以促进骨骼和牙齿的生长，尤其是骨骼的增粗、增长；可以维持正常的视觉功能；可以保持上皮组织细胞的完整性，上皮组织指的是皮肤、器官黏膜等，如呼吸道黏膜、消化道黏膜，所以可以预防呼吸道感染和消化道感染等；可以促进免疫球蛋白的合成，提高免疫力；可以促进生长发育和生殖。

维生素 A 主要来源于动物和植物性食物，来源于动物的维生素 A 更容易吸收。在添加辅食阶段，要多给孩子吃富含维生素 A 的食物，如动物肝脏、鱼肝油、蛋黄、乳类食物。富含胡萝卜素的玉米、红薯、黄豆、胡萝卜、南瓜、油菜、杏、柿、橘子等蔬菜和水果可多食用，胡萝卜素在体内可转化成维生素 A。

缺维生素 D

维生素 D 是人体重要的微量元素，它能够帮助身体最大化地吸收钙元素，调节人体多种生理功能，使婴幼儿健康成长。

婴幼儿主要通过奶水吸收营养，在所有奶水中，母乳无疑是营养最高、最值得选择的。科学规定，婴幼儿需要补充 400 ~ 800 国际单位维生素 D 才能满足每日的营养所需。虽然母乳中含有很多营养元素，但维生素 D 的含量却很低，测量结果仅为 22 个国际单位，实在难以满足婴幼儿对维生素 D 的需求。维生素 D 最主要的功能就是助力钙吸收，使钙从血中沉着到生长快速的骨骼内，使骨质变硬。大家都知道，钙广泛存在于人体的骨骼。一旦体内维生素 D 储存量告急，可能会引起钙、磷代谢紊乱，从而导致骨骼病变，即佝偻病。因此，维生素 D 又称抗佝偻病维生素。

但若维生素 D 应用过量，所造成的后果比患佝偻病还危险。据观察，若小儿每日服 2 万国际单位维生素 D，连服几周或数月之后，可出现头痛、厌食、恶心、呕吐、口渴、嗜睡、多尿、脱水、高热及昏迷，尿内出现蛋白质和红细胞，如不及时停药，可因高钙血症及肾功能衰竭而致死。

营养过剩

对于正在长身体的孩子来说，营养是少不了的，但过分的营养也会起到一定的反作用。

营养过剩的坏处

○体重超标

医学研究表明，肥胖发生的年龄越小、肥胖病史越长，各种代谢障碍就越严重，成年后患糖尿病、高血压、冠心病、胆石症、痛风等疾病的危险性就越大。

○可能导致儿童性早熟

孩子性早熟是父母都不愿看到的事情，而营养过剩就很有可能是导致孩子性早熟的“凶手”之一。现在的孩子普遍营养充足，又喜欢进食一些炸鸡、炸鱼、炸薯条、奶油制品等，过高的热量就会在孩子体内转变为多余的脂肪，引发内分泌紊乱，导致性早熟。

○导致儿童龋齿

高蛋白质、高热量的黏糊状食物在乳牙边积累，最容易引发儿童龋齿。

○容易引发儿童的心理问题

过度肥胖的孩子，往往是别人嘲笑的对象。长期下去，会给孩子造成心理压力从而出现心理疾病，严重的会导致自我封闭。

家长应该怎么做

○控制孩子营养摄入

儿童期出现营养过剩多为营养食物摄入过量引起，这时家长要适当控制孩子的食量，每天坚持少食多餐，并让孩子远离高脂肪、高热量食品。

○及时到医院就诊

如果家长发现孩子出现龋齿、性早熟等营养过剩的症状，应该及时带孩子到正规医院就诊，寻找原因并根据病因及时治疗，以保证孩子在儿童期正常的生长发育。

○加强对孩子的心理辅导

出现营养过剩的儿童往往会出现肥胖等外在表现，与正常儿童相比，肥胖儿童容易表现出更多的心理问题，如孤独、自我封闭、逃避社交等。此时家长应该加强对孩子的心理辅导，多给孩子一些积极暗示，让孩子感受温暖，增强自信。

PART 03

营养师私房食单，促进孩子生长发育

健脾开胃

脾胃是气血生化之源，是后天之本，是孩子健康成长的关键脏腑。脾胃受损有可能导致厌食、积食、易感冒等，孩子脾胃健康才能身体棒。调养脾胃可以适当吃些甘味的食物。这里所说的甘味食物，不仅指食物的口感甜，更重要的是指食物的性味。五谷杂粮中，性温味甘的食物有大米、糯米、小麦、玉米以及大部分豆类，蔬果中也有很多甘味食物，如南瓜、山药、芋头、苹果、香蕉等。不过，甘味食物也不能让孩子多吃，否则容易导致脾热，灼伤胃阴。

孩子出现脾胃虚弱的症状时，应注意进行合理的饮食。每顿不要进食过饱，避免进食油炸油腻的食物，食物应软烂，以容易消化为宜。进食的时候还要注意细嚼慢咽，食物只有在口腔被充分的研磨嚼碎后，才有利于营养物质的吸收。

山药鸡蛋糊

材料：山药 120 克，鸡蛋 1 个

做法：

❶ 将去皮洗净的山药对半切开，切成片，装入盘中。

❷ 将山药片和鸡蛋放入烧开的蒸锅中，用中火蒸 15 分钟至熟，取出。

❸ 将山药片装入碗中，压碎，压烂；鸡蛋剥去外壳，取蛋黄，放入山药泥中，充分搅拌均匀即可。

功效：山药含有淀粉酶、多酚氧化酶等物质，有利于脾胃消化，是平补脾胃的药食两用佳品。此外，山药还含有大量的黏蛋白、维生素及微量元素，能很好地辅助治疗小儿腹泻。

莲子芡实饭

材料： 大米160克，芡实100克，莲子80克

做法：

❶ 砂锅中注入适量清水烧开，倒入洗好的大米、芡实、莲子，拌匀，盖上锅盖，煮开后用小火煮30分钟至食材熟透。

❷ 关火后揭开锅盖，盛出煮好的饭，装入碗中即可。

功效： 芡实能提高脾胃功能，也能缓解脾虚，对脾虚引起的小便不利和腹泻等症都有良好的预防和缓解作用。

山药薏米豆浆

材料： 黄豆60克，薏米20克，山药80克，白糖适量

做法：

❶ 山药去皮，切丁。

❷ 把已浸泡8小时的黄豆、薏米倒入豆浆机中，注入适量清水至水位线，加入山药丁，盖上豆浆机机头，选择“五谷”程序，再选择“开始”键，开始打浆。

❸ 待豆浆机运转约15分钟，即成山药薏米豆浆。

功效： 山药含有蛋白质、钙、磷、铁等营养成分，具有补中益气、健脾养胃、缓解疲劳等功效。

红枣桂圆鸡汤

材料：

鸡肉……400 克
红枣、桂圆、
姜片……各少许
盐、鸡粉、
料酒……各适量

做法：

❶ 洗好的鸡肉切块。

❷ 锅中注入适量清水烧开，倒入鸡肉块，搅拌均匀，淋入少许料酒，用大火煮约 2 分钟，撇去浮沫，捞出鸡肉块，沥干水分，装盘。

❸ 砂锅中注入适量清水烧开，倒入鸡肉块，放入红枣、姜片、桂圆，淋入料酒，盖上盖，用小火煮约 40 分钟至食材熟透。

❹ 揭开盖，加入少许盐、鸡粉搅拌均匀，略煮片刻至食材入味，关火后盛出煮好的汤料，装入碗中即可。

功效：鸡肉中蛋白质的含量较高，氨基酸种类多，而且很容易被人体吸收利用，具有健脾养胃、强壮身体的作用，对脾胃虚弱、营养不良者都有很好的食疗作用。

陈皮大米粥

材料：大米 120 克，陈皮 5 克

做法：

❶ 砂锅中注入适量清水，用大火烧热，放入备好的陈皮拌匀，倒入洗好的大米拌匀，盖上锅盖，烧开后用小火煮约 30 分钟至大米熟软，揭开锅盖，持续搅拌。

❷ 关火后盛出煮好的粥，装入碗中即可。

功效：本品具有敛肺定喘、理气降逆、镇咳解毒等功效。

圣女果芦笋鸡柳

材料：鸡胸肉 220 克，芦笋 100 克，圣女果 40 克，葱段、鸡粉各少许，盐、料酒、水淀粉、植物油各适量

做法：

❶ 将洗净的芦笋用斜刀切长段，洗好的圣女果对半切开，洗净的鸡胸肉切条。

❷ 装入碗中，加入盐、水淀粉、料酒，搅拌一会儿，再腌渍约 10 分钟。

❸ 用油起锅，放入葱段，爆香，倒入鸡肉条、芦笋段，用大火快炒，放入切好的圣女果翻炒匀，加入少许盐、鸡粉，淋入适量料酒，炒匀调味，再用水淀粉勾芡，盛出即可。

功效：芦笋含有蛋白质、B 族维生素、锌、铜、锰、硒、铬等营养成分，具有清热利尿、增进食欲等功效。

清热解毒

孩子在发育过程中，因为免疫力较弱，很容易出现上火、咽喉肿痛、发热等不适症状，这给孩子的健康带来了严重的损害，且会带来较多的痛苦。此时要尽量让孩子保持清淡饮食，多吃新鲜的蔬菜水果和粗杂粮，宜食用一些清热解毒的食材，如苦瓜、白萝卜、冬瓜、金银花茶、芹菜、生菜、黄瓜、西瓜等，能起到清热解毒、消肿止痛的作用。不要给孩子吃太多燥热上火或者滋补腻滞的食物，避免加重病情。

松仁丝瓜

材料： 松仁20克，丝瓜块90克，胡萝卜片30克，姜末、蒜末各少许，盐3克，鸡粉2克，水淀粉10毫升，植物油5毫升

做法：

❶ 砂锅中注水烧开，加入植物油，倒入洗净的胡萝卜片、丝瓜块，焯至断生，捞出。

❷ 用油起锅，倒入松仁，滑油翻炒片刻，将松仁捞出。

❸ 锅底留油，放入姜末、蒜末爆香，倒入胡萝卜片、丝瓜块炒匀，加入盐、鸡粉，翻炒片刻至入味，倒入水淀粉炒匀。

❹ 关火，将炒好的丝瓜盛出，装入盘中，撒上松仁即可。

功效： 丝瓜具有润肠通便、抗病毒、抗过敏等功效，与松仁搭配食用，尤其适合便秘的儿童。

白萝卜汁

材料： 白萝卜 70 克

做法：

❶ 将洗净的白萝卜去皮，切开，切成小瓣。

❷ 取榨汁机，选择搅拌刀座组合，倒入切好的食材，注入少许纯净水，盖上盖，选择“榨汁”功能，榨取白萝卜汁。

❸ 断电后倒出白萝卜汁，装入碗中即可。

功效： 白萝卜有健胃消食、生津止渴、润肠通便的功效。

苦瓜炒鸡蛋

材料： 苦瓜 200 克，鸡蛋 3 个，葱花少许，水淀粉 5 毫升，盐、鸡粉、植物油各适量

做法：

❶ 洗净的苦瓜去瓤，切成片，焯水后捞出；鸡蛋打入碗中，放入少许盐、鸡粉，打散调匀。

❷ 炒锅注油烧热，倒入蛋液炒熟，盛出。锅底留油，将苦瓜片翻炒片刻，放入盐、鸡粉调味，倒入炒好的鸡蛋略炒。

❸ 加入葱花翻炒匀，淋入适量水淀粉，快速翻炒均匀，关火后盛出即可。

功效： 苦瓜具有清热消暑、养血益气、补肾健脾、滋肝明目的功效，对痢疾、疮肿、中暑发热、痱子过多、结膜炎等疾病有一定的治疗作用。

芦笋煨冬瓜

材料：

冬瓜……230 克
芦笋……130 克
蒜末……少许
盐、鸡粉、水淀粉、
芝麻油、植物油……各适量

做法：

❶ 洗净的芦笋用斜刀切段；冬瓜去皮切开，去瓤，切厚片，改切成小块。

❷ 锅中注入适量清水烧开，倒入冬瓜块，加入少许植物油，拌匀，煮约半分钟，倒入芦笋段，煮约半分钟，至食材断生，捞出焯煮好的材料，沥干水分。

❸ 用油起锅，放入蒜末，爆香，倒入焯过水的材料，炒匀，加入盐、鸡粉，倒入少许清水，炒匀，用大火煨煮约半分钟，至食材熟软，倒入少许水淀粉勾芡，淋入少许芝麻油，拌炒均匀，至食材入味。

❹ 关火后盛出锅中的食材即可。

功效：芦笋性寒，具有清热的功效，夏天吃芦笋可以起到很好的清热解毒的作用。

黄瓜粥

材料: 大米100克，黄瓜100克，葱花少许，盐适量

做法:

❶ 洗净的黄瓜切丁。

❷ 砂锅中注入适量的清水烧热，倒入泡发好的大米拌匀，盖上锅盖，大火煮开后转小火煮45分钟至米粒熟软。

❸ 掀开锅盖，倒入黄瓜丁，调少许盐，搅拌匀，将煮好的粥盛出装入碗中，撒上葱花即可。

功效: 黄瓜性凉味甘，有很好的解热、清火的作用，所以对于热病口渴、水肿尿少的人来说，吃黄瓜有清热解毒的功效。

生菜鸡蛋面

材料: 面条120克，鸡蛋1个，生菜65克，葱花少许，盐、鸡粉各2克，植物油适量

做法:

❶ 鸡蛋打散，用油起锅，倒入蛋液炒熟，盛出。

❷ 锅中注入清水烧开，放入面条，加入盐、鸡粉拌匀，用中火煮至面条熟软。

加入少许植物油，放入炒好的鸡蛋，

❸ 放入洗好的生菜拌煮。

❹ 关火后盛出，撒上葱花即可。

功效: 生菜富含的维生素C能够缓解牙龈出血，同时维生素C有抗氧化的作用，能够清除体内的氧自由基，增强机体的免疫力。

健脑益智

现在有些家长会给孩子吃补脑的药品或保健品，对于孩子柔弱的内脏器官来说，盲目进补并非明智之举。其实，日常生活中的许多食物都有补脑功效，而且便宜易得，不妨多给孩子提供，如牛奶、鸡蛋、鱼类、黄豆、花生、核桃、洋葱等。除了给孩子提供丰富的补脑食物之外，在日常饮食中，家长还应注重孩子良好饮食习惯的培养，帮孩子树立健康饮食的观念，如供给孩子均衡、多样化的膳食，以补充全面、丰富的营养；鼓励孩子按时、按量吃饭，教孩子细嚼慢咽、不暴饮暴食等，以维持孩子强健的身体和活跃的大脑。

牛奶蒸鸡蛋

材料： 鸡蛋 2 个，牛奶 250 毫升，提子、哈密瓜各适量，白糖少许

做法：

❶ 把鸡蛋打入碗中，打散；将洗净的提子对半切开；用挖勺将哈密瓜挖成小球状。

❷ 把白糖倒入牛奶中，搅匀，加入蛋液搅拌均匀。

❸ 取出电饭锅，倒入适量清水，放上蒸笼，放入装有调好的牛奶蛋液的大碗，盖上盖子，蒸 20 分钟，把蒸好的牛奶鸡蛋取出。

❹ 放上切好的提子和挖好的哈密瓜即可。

功效： 牛奶富含蛋白质、钙、维生素 B_1 及大脑所必需的氨基酸，对脑代谢有帮助，对神经细胞十分有益。

番茄牛肉南瓜汤

材料：

牛肉……120 克
番茄……100 克
南瓜……95 克
胡萝卜……70 克
洋葱……50 克
牛奶……100 毫升
高汤……800 毫升
黄油……少许

做法：

❶ 洗净的洋葱、胡萝卜切成粒，番茄切成块，南瓜切成小丁，洗好的牛肉去除肉筋，再切成粒。

❷ 煎锅置于火上，倒入黄油化开，倒入牛肉粒炒匀至其变色。

❸ 放入备好的洋葱粒、番茄块、南瓜丁、胡萝卜粒，炒至变软，加入牛奶，倒入高汤，搅拌均匀，用中火煮约 10 分钟至食材入味。

❹ 关火后盛出煮好的南瓜汤即可。

功效：牛肉含有蛋白质、牛磺酸、钙、铁、磷等营养成分，具有补中益气、滋养脾胃、强筋壮骨等功效。

三文鱼泥

材料：三文鱼肉 120 克

做法：

❶ 蒸锅上火烧开，放入处理好的三文鱼肉。

❷ 盖上锅盖，用中火蒸约 15 分钟至熟透。揭开锅盖，取出三文鱼肉，放凉。

❸ 取一个干净的大碗，放入三文鱼肉，压成泥状即可。

功效：三文鱼肉含有蛋白质、不饱和脂肪酸、维生素 D 等营养成分，能促进机体对钙的吸收利用，有助于生长发育。

土豆黄瓜饼

材料：土豆 250 克，黄瓜 200 克，小麦面粉 150 克，生抽 5 毫升，盐、鸡粉、植物油各适量

做法：

❶ 洗净去皮的土豆切丝，黄瓜切丝。

❷ 取个大碗，倒入小麦面粉、黄瓜丝、土豆丝，注入适量清水，搅拌均匀制成面糊，加入生抽、盐、鸡粉，搅匀调味。

❸ 热锅注油烧热，倒入制好的面糊，烙制面饼，煎至熟透，两面呈现金黄色，盛出放凉，切成三角状，装入盘中即可食用。

功效：黄瓜作为瓜茄类的蔬菜之一，里面含有非常丰富的水分，并且含有天然的清甜味，具有解渴、清热的作用。

鱼肉海苔粥

材料：

鲈鱼……80 克

小白菜……50 克

大米……65 克

海苔、盐……各少许

做法：

❶ 将洗好的小白菜切碎，剁成末，处理好的鲈鱼切段，去除鱼刺、鱼皮；海苔切成条状，切碎。取榨汁机，选干磨刀座组合，将大米放入杯中，选择“干磨”功能，将大米磨成米碎，倒入碗中。

❷ 把备好的鱼肉段放入烧开的蒸锅中，用中火蒸 8 分钟至鱼肉熟透，取出压碎。

❸ 锅置大火上，注入适量清水，倒入米碎，拌匀煮熟，放入鱼肉碎和小白菜末煮熟，再放入海苔碎，加盐，拌匀即可。

功效：鲈鱼富含蛋白质、维生素 A、B 族维生素、钙等营养元素，能促进骨骼和肌肉的快速生长。其所富含的锌、硒和碘是幼儿骨骼、肌肉生长和免疫系统建立所必需的营养物质。

增强记忆力

现在的父母都是望子成龙、望女成凤的，希望自己的孩子更优秀。孩子的聪明离不开先天的因素，但后天的营养也非常重要。一般来说，0 ~ 6 岁是孩子脑发育的高峰期，这个时候适当给孩子补充营养，可以让孩子大脑发育良好，记忆力增强。增强记忆力最经济有效的办法是通过日常饮食，可多吃一些含有脂肪、蛋白质、胆碱、卵磷脂（卵磷脂存在于每个细胞之中）、钙、镁等的食物，如橘子、玉米、花生、鱼类、菠萝、鸡蛋、牛奶、小米、菠菜、豆腐等，以及一些富含蛋白质、锌类的食物，如牡蛎、核桃、蛋黄、芝麻等。除了食物外，还需要陪孩子做一些益智健脑的游戏，通过孩子感兴趣的方式来记住一些东西，增强记忆力。

蜂蜜核桃豆浆

材料：黄豆 60 克，核桃仁 10 克，白糖、蜂蜜各适量

做法：

❶ 把黄豆（提前浸泡 8 小时）、核桃仁倒入豆浆机中，注入适量清水至水位线。加入少许蜂蜜，盖上豆浆机机头，选择“五谷”程序，再选择“开始”键，开始打浆。

❷ 待豆浆机运转约 15 分钟，即成豆浆。

❸ 把煮好的豆浆倒入滤网，用汤匙搅拌，滤取豆浆，倒入杯中，放入适量白糖，搅拌均匀至其溶化即可。

功效：核桃仁含有较多的蛋白质及人体必需的不饱和脂肪酸，这些成分皆为大脑组织细胞代谢的重要物质，能滋养脑细胞、增强脑功能。

海带牛肉汤

材料：

牛肉……150 克
海带丝……100 克
姜片、葱段、
料酒、生抽……各少许
鸡粉、胡椒粉…各适量

做法：

❶ 将洗净的牛肉切条，再切丁。

❷ 锅中注入适量清水烧开，倒入牛肉丁，搅匀，淋入少许料酒拌匀，汆去血水，再捞出牛肉丁，沥水。

❸ 高压锅中注入适量清水烧热，倒入牛肉丁，撒上备好的姜片、葱段，淋入料酒，盖好盖，拧紧，用中火煮约 30 分钟至食材熟透，拧开盖子，倒入洗净的海带丝，转大火略煮一会儿，加入生抽、鸡粉，撒上胡椒粉拌匀调味。

❹ 关火后盛出煮好的汤料，装入碗中即可。

功效： 牛肉含有足够的维生素 B_6，可帮助孩子增强免疫力，促进蛋白质的代谢和合成。

山药红枣鸡汤

材料：

鸡肉……400 克
山药……230 克
红枣、枸杞子、
姜片……各少许
盐……3 克
鸡粉……2 克
料酒……适量

做法：

❶ 洗净去皮的山药切开，再切滚刀块；洗好的鸡肉切块。

❷ 锅中注入适量清水烧开，倒入鸡肉块，搅拌均匀，淋入少许料酒，用大火煮约 2 分钟，撇去浮沫，捞出鸡肉块，沥干水分，装盘。

❸ 砂锅中注入适量清水烧开，倒入鸡肉块、山药块，放入红枣、姜片、枸杞子，淋入料酒，盖上盖，用小火煮约 40 分钟至食材熟透。

❹ 揭开盖，加入盐、鸡粉搅拌均匀，略煮片刻至食材入味，关火后盛出煮好的汤料，装入碗中即可。

功效：红枣含有蛋白质、有机酸、胡萝卜素、钙、磷、铁等营养成分，具有补中益气、养血安神、缓解疲劳、养颜美容等功效。

香蕉燕麦粥

材料： 燕麦 160 克，香蕉 120 克，枸杞子少许

做法：

❶ 将香蕉果肉切成丁。

❷ 锅中注入适量清水烧热，倒入洗好的燕麦，盖上盖，烧开后用小火煮 30 分钟至燕麦熟透。

❸ 揭盖，倒入香蕉丁、枸杞子拌匀，用中火煮 5 分钟后盛出即可。

功效： 燕麦含丰富的维生素、纤维素、钾、锌等，能为孩子的一天提供足够的能量，同时也是很好的健脑食品。

芝麻拌芋头

材料： 芋头 300 克，熟白芝麻 25 克，白糖 7 克，老抽 1 毫升

做法：

❶ 洗净去皮的芋头切成小块，装入蒸盘中，用蒸锅蒸约 20 分钟，至芋头熟软，取出放凉。

❷ 取一个大碗，倒入蒸好的芋头块，加入白糖、老抽，拌匀，压成泥状。

❸ 撒上熟白芝麻，搅拌匀，至白糖完全溶化即可。

功效： 芝麻中不饱和脂肪酸的含量很高，可为大脑提供充足的亚油酸、亚麻酸等分子较小的不饱和脂肪酸，以排除血管中的杂质，提高脑的功能。

保护视力

现在出现视力问题的孩子越来越多，这与孩子过早接触电子产品和不注意用眼卫生有着直接的关系。想要保护视力，可以适当吃一些鸡蛋黄或深海鱼等蛋白质含量高的食物。同时也可以吃一些含维生素 A 或者叶黄素较多的食物，如胡萝卜、玉米等。另外，要合理用眼，不要长时间看手机或电脑，同时要保护好眼睛，不要受到外伤。孩子需要养成良好的用眼习惯，在医生的指导下补充鱼肝油或胡萝卜素，对视力都是有保护作用的。另外，也需要适当补钙，多吃一些含钙高的食物，如牛奶、豆制品。多去户外晒一晒太阳，能够促进钙的吸收，对眼睛也有好处。

胡萝卜芹菜汁

材料： 胡萝卜 70 克，芹菜 60 克

做法：

❶ 将洗净的胡萝卜切开，切成小块；洗净的芹菜切小段。

❷ 将胡萝卜块和芹菜段放入开水锅中煮熟，捞出。

❸ 取榨汁机，选择搅拌刀座组合，倒入煮熟的食材，注入少许纯净水，盖上盖，选择“榨汁”功能，榨取蔬菜汁。

❹ 断电后倒出蔬菜汁，装入碗中即可。

功效： 胡萝卜的维生素 A 含量不少，而且还含有胡萝卜素。如果维生素 A 不足的话，眼睛容易干涩、充血；如果二者都缺乏，则会使眼睛难以适应黑暗环境，甚至有可能会诱发夜盲症。

番茄鸡蛋河粉

材料：

番茄……100 克

河粉……400 克

鸡蛋……1 个

炸蒜片、葱花……各少许

盐……2 克

鸡粉……3 克

生抽、植物油……各适量

做法：

❶ 洗净的番茄横刀切片。

❷ 锅中注水烧开，倒入河粉，稍煮片刻至熟软，关火后将煮好的河粉盛出，装入碗中。

❸ 用油起锅，打入鸡蛋，煎约 1 分钟至其成形，倒入番茄片，注入清水，加入盐、鸡粉、生抽，拌匀，稍煮片刻至其入味。

❹ 关火，将煮好的番茄鸡蛋汤液盛入装有河粉的碗中，放上炸蒜片、葱花即可。

功效：番茄性凉，味甘、酸，有清热生津、养阴凉血的功效，对发热烦渴、口干舌燥、牙龈出血、胃热口苦、虚火上炎有较好的调养效果。

西蓝花虾皮蛋饼

材料：

西蓝花……100 克
鸡蛋……2 个
虾皮……10 克
面粉……100 克
盐、植物油……各适量

做法：

❶ 洗净的西蓝花切小朵。取一只碗，倒入面粉，加入盐拌匀，打入一个鸡蛋拌匀，再打入另一个鸡蛋，倒入虾皮拌匀，再放入西蓝花拌匀。用油起锅，放入面糊铺平，煎约 5 分钟至两面金黄色，关火，取出煎好的蛋饼，装盘。

❷ 将蛋饼放在砧板上，切去边缘不平整的部分，再切成三角状，将切好的蛋饼装盘即可。

功效：西蓝花中含有黄体素和玉米黄质，这种物质对晶状体非常有好处，可以使眼细胞免受自由基对其造成的压力。

菠菜芹菜粥

材料： 大米 130 克，菠菜 60 克，芹菜 35 克

做法：

❶ 将洗净的菠菜切小段，洗好的芹菜切丁。

❷ 砂锅中注适量清水烧开，放入洗净的大米搅拌匀，使其散开，盖上盖，烧开后用小火煮约 35 分钟，至米粒变软。

❸ 揭盖，倒入切好的菠菜段、芹菜丁，拌匀，煮至断生。

❹ 关火后盛出煮好的菠菜芹菜粥，装入碗中即可。

功效： 菠菜的营养价值极高，而且含有丰富的胡萝卜素。平时多吃一些菠菜，对眼睛能够起到非常好的保养效果，能够让眼睛当中的晶状体保持健康。

葡萄苹果沙拉

材料： 葡萄 80 克，去皮苹果 150 克，圣女果 40 克，酸奶 50 克

做法：

❶ 洗净的圣女果对半切开，洗好的葡萄摘取下来，苹果切开去籽、切成丁。

❷ 取一盘，摆放上圣女果、葡萄、苹果丁，浇上酸奶即可。

功效： 葡萄含有蛋白质、B 族维生素、钙、镁、铁等营养成分，具有补血气、暖肾、改善贫血、缓解眼疲劳等功效。

稳定情绪

孩子有时候脾气暴躁，可能是身体缺乏一些营养物质所造成的，所以可以通过饮食的方式去补充。多吃富含钙质的食物：当膳食中钙含量充分时，孩子的情绪比较稳定，缺钙则易情绪不稳、烦躁易怒。多吃富含 B 族维生素的食物：膳食中缺乏 B 族维生素时，则易情绪不稳、易悲伤哭泣，可以选择全麦面包、麦片粥、玉米饼等谷物，当然不要忘了橙、苹果、草莓、菠菜、生菜、西蓝花、白菜及番茄等含大量维生素的新鲜果蔬。多吃富含铁质的食物：体内缺铁时，易使人精神萎靡、情绪不稳定、急躁易怒等，补充铁可适量食用一些瘦牛肉、猪肉、羊肉、鸡、鸭、鱼及海鲜等。多吃富含锌的食物：缺锌可影响人的性格、行为，引起抑郁、情绪不稳，锌在动物性食品中含量丰富，且易被吸收，应适当多食。

红薯莲子银耳汤

材料： 红薯 130 克，莲子 150 克，银耳 200 克，白糖适量

做法：

❶ 将洗好的银耳切去根部，撕成小朵；去皮洗净的红薯切丁。

❷ 砂锅中注入适量清水烧开，倒入莲子、银耳，盖上盖，烧开后改小火煮约 30 分钟，至食材变软。

❸ 揭盖，倒入红薯丁拌匀，再盖上盖，用小火续煮约 15 分钟，至食材熟透加入少许白糖拌匀煮至溶化。

❹ 关火后盛出煮好的银耳汤，装入碗中即可。

功效： 银耳含有丰富的胶质、维生素、氨基酸、银耳多糖和蛋白质等营养物质，对肺阴虚和胃阴虚者最为适宜。

白萝卜牡蛎汤

材料： 白萝卜丝30克，牡蛎2个，姜丝、葱花各少许，料酒10毫升，盐、鸡粉、芝麻油、胡椒粉、植物油各适量

做法：

❶ 锅中注入适量清水烧开，倒入白萝卜丝、姜丝，放入牡蛎肉，搅拌均匀，淋入少许的植物油、料酒，搅匀，盖上锅盖，焖煮5分钟至食材煮透。

❷ 揭开锅盖，淋入少许芝麻油，加入胡椒粉、鸡粉、盐，搅拌片刻，使食材入味。

❸ 将煮好的汤水盛出，装入碗中，撒上葱花即可。

功效： 白萝卜含有丰富的植物纤维，在促进肠胃蠕动的情况下，可有效消除便秘，让身体中的大量毒素排出体外。

猕猴桃香蕉汁

材料： 猕猴桃100克，香蕉100克，蜂蜜15克

做法：

❶ 香蕉去皮，将果肉切成小块；猕猴桃去皮，对半切开，去除硬芯，再切成小块。

❷ 取榨汁机，选择搅拌刀座组合，倒入切好的猕猴桃块、香蕉块，加入适量矿泉水，榨取果汁，加入蜂蜜搅拌均匀。

❸ 把果汁倒入杯中即可。

功效： 猕猴桃含有维生素A、维生素C、维生素E、纤维素、叶酸、胡萝卜素、钾、镁、钙等营养成分，有稳定情绪、消除疲劳、排毒、抗衰老等作用。

小米洋葱蒸排骨

材料：

小米……200克
排骨段……300克
洋葱丝……35克
盐……3克
姜丝、白糖、老抽、
生抽、料酒……各少许

做法：

❶ 把洗净的排骨段装碗中，放入洋葱丝，撒上姜丝，搅拌匀，再加入少许盐、白糖，淋上适量料酒、生抽、老抽拌匀，倒入洗净的小米，搅拌一会儿，转入蒸碗中，腌渍约20分钟。

❷ 蒸锅上火烧开，放入蒸碗，盖上盖，用大火蒸约35分钟，至食材熟透。

❸ 关火后揭盖，取出蒸好的菜肴，稍微冷却后食用即可。

功效：洋葱所含的微量元素——硒是一种很强的抗氧化剂，能清除体内的自由基，增强细胞的活力和代谢能力。

焦米南瓜苹果粥

材料：

大米……140 克
南瓜肉……140 克
苹果……125 克

做法：

❶ 将洗好的南瓜肉、苹果切小块。
❷ 锅置火上，倒入备好的大米，炒出香味，转小火，炒约 4 分钟，至米粒呈焦黄色，关火后盛出。
❸ 砂锅中注入适量清水烧热，倒入炒好的大米，搅拌匀，烧开后用小火煮约 35 分钟，倒入南瓜肉、苹果块，用中小火续煮约 15 分钟。
❹ 关火后盛出煮好的粥即可。

功效：南瓜含有天门冬素、葡萄糖、甘露醇、戊聚糖、果胶、磷、镁、铁、铜、锰、铬、硼等营养元素，具有降低血糖、促进生长发育等功效。

改善睡眠

失眠不只是成年人专有的现象，儿童也会出现睡眠障碍，有些孩子因为学习压力大，有时可能就会影响到睡眠。而对儿童失眠的调治，饮食调理是最好的。儿童失眠饮食调理很重要，其中，主食及豆类可选择小麦、荞麦等一些含无机盐丰富的食物；肉蛋奶类则可选择鹌鹑、猪心等含有丰富卵磷脂、脑磷脂的食物，有利于睡眠；蔬菜类，可以选择山药、洋葱、黄花菜等，这些含钙、镁、磷丰富的食物有助眠作用；还有一些水果，如果儿童是因为学习过度疲劳而引起的失眠，可多吃一些苹果、香蕉、梨等，这些属于碱性食物，有抗肌肉疲劳的效果。另外，平时还要多吃一些有助于大脑镇静的食物。同时，生活中也要让孩子养成良好的作息习惯，经常熬夜、睡眠时间不规律也是很易引起失眠的。

香蕉粥

材料： 去皮香蕉 250 克，大米 400 克

做法：

❶ 去皮的香蕉切丁。
❷ 砂锅中注入适量清水烧开，倒入大米拌匀，加盖，大火煮 20 分钟至熟，揭盖，放入香蕉丁，加盖，续煮 2 分钟至食材熟软。
❸ 揭盖，搅拌均匀，关火，将煮好的粥盛出，装入碗中即可。

功效： 香蕉含有糖类、蛋白质、维生素 C 及钾、磷、镁、钙等营养成分，具有降低血压、补充能量、润滑肠道等功效。

核桃花生双豆汤

材料：

排骨块……155 克
核桃仁……70 克
赤小豆……45 克
花生米……55 克
眉豆……70 克
盐……适量

做法：

❶ 锅中注入适量清水烧开，放入洗净的排骨块，汆煮片刻后捞出沥水，装入盘中。

❷ 砂锅中注入适量清水烧开，倒入排骨块、眉豆、核桃仁、花生米、赤小豆拌匀，加盖，大火煮开后转小火煮 3 小时至熟透。

❸ 揭盖，加入盐，稍稍搅拌至入味，关火后盛出煮好的汤，装入碗中即可。

功效：花生红衣具有很好的补血作用，还能抑制纤维蛋白的溶解，促进骨髓的造血功能。常吃花生，对儿童提高记忆力有很好的作用。

拌蔬菜丝

材料：

胡萝卜……150 克
青椒、红彩椒……各 100 克
豆芽……120 克
盐……3 克
白糖……10 克
陈醋……15 毫升
芝麻油……适量

做法：

❶ 洗净的胡萝卜、青椒、红彩椒切丝，胡萝卜丝、豆芽、青椒丝、红彩椒丝汆水煮熟后捞出。

❷ 将胡萝卜丝、豆芽、青椒丝、红彩椒丝装入盘中，放入盐、白糖、陈醋、芝麻油，搅拌匀，用保鲜膜封好，放入冰箱冷藏 15 ~ 20 分钟后取出。

❸ 去除保鲜膜即可食用。

功效：豆芽含有蛋白质、脂肪、糖类、维生素 A、B 族维生素等成分，具有益智健脑等功效。

牛奶荞麦粥

材料： 荞麦 160 克，牛奶 200 毫升，覆盆子少许

做法：

❶ 锅中注入适量清水烧热，倒入洗好的荞麦，盖上盖，烧开后用小火煮 30 分钟至荞麦熟透。

❷ 揭盖，倒入牛奶拌匀，中火煮 5 分钟。

❸ 盛出煮好的粥，放上覆盆子即可。

功效： 荞麦中含有的烟酸成分，对促进人体新陈代谢、扩张血管、增强解毒能力、降低血液胆固醇有非常好的作用。

苹果番茄汁

材料： 苹果 60 克，番茄 35 克，白糖适量

做法：

❶ 将洗净的苹果切开，去除果核，削去果皮，切小瓣，改切成小丁。

❷ 洗好的番茄切开，去除蒂部，切小瓣，改切成丁，放入盘中。

❸ 取榨汁机，选择搅拌刀座组合，倒入切好的番茄丁、苹果丁，注入少许温开水，加入适量白糖，盖上盖，榨取蔬果汁。

❹ 倒出榨好的蔬果汁，装入杯中即可。

功效： 番茄含有胡萝卜素、柠檬酸、维生素、无机盐等营养成分，具有健胃消食、生津止渴、清热解毒等功效，适合幼儿食用。

增强免疫力

儿童的免疫功能发育并不是很完善，年龄越小，免疫功能相对越不成熟，更容易患感染性疾病。小孩子可以通过对日常生活习惯的调整来提高免疫功能。饮食方面主要是通过日常生活的一些调整。饮食方面主要是要做到均衡饮食，孩子不挑食就能够保证各种营养素比较均衡地摄入。如蛋白质是人体非常重要的组成成分，蛋白质的摄入对小孩子提高免疫力非常有帮助，所以要保证每天的膳食中有一定的蛋白质摄入。虽然维生素、微量元素在人体内的含量比较低，但能够起到预防感染性疾病的作用。所以在饮食方面要做到营养均衡，每天保证糖类、蛋白质、脂肪、维生素、微量元素及水分比较均衡的摄入，这样对孩子的免疫功能的发育非常有好处。

番茄汁

材料：番茄 70 克

做法：

❶ 将洗净的番茄切开，切成小瓣。

❷ 取榨汁机，选择搅拌刀座组合，倒入切好的食材，注入少许纯净水，盖上盖，选择“榨汁”功能，榨取蔬菜汁。

❸ 断电后倒出蔬菜汁，装入杯中即可。

功效：番茄有健胃消食、生津止渴、润肠通便的功效。

鸡蛋罗宋汤

材料：

熟鸡蛋……3 个
胡萝卜、土豆、
包菜……各 60 克
番茄……1 个
洋葱、芹菜……各 30 克
牛肉、红肠……各 50 克
番茄酱……30 克
胡椒粉……3 克
奶油……100 克
植物油、盐、白糖……各适量

做法：

❶ 将牛肉洗净，切成小块，放锅中煮 3 小时。
❷ 将所有蔬菜洗净。土豆去皮，切滚刀块；胡萝卜、红肠切片；番茄去皮，切小块；包菜切片；洋葱切丝；芹菜切丁。
❸ 炒锅烧热，放入植物油、奶油，烧热后放入土豆块炒熟，放入红肠片炒香，放入其他蔬菜，再放入番茄酱、盐、白糖、胡椒粉煸炒一两分钟，趁热全部放入牛肉汤里，继续小火熬制 20 分钟。
❹ 盛出装碗，放入熟鸡蛋即可。

功效：鸡蛋富含蛋白质和多种微量元素，能够有效增强人体的抗病毒能力，对支气管炎等疾病有很好的防治效果。

牡蛎茼蒿炖豆腐

材料：

豆腐……200 克
茼蒿……100 克
牡蛎……3 个
姜片、葱段……各少许
老抽……2 毫升
料酒……4 毫升
生抽……5 毫升
盐、鸡粉、水淀粉、
植物油……各适量

做法：

❶ 洗净的茼蒿切成段；洗好的豆腐切条形，再切成小方块。

❷ 锅中注入适量清水烧开，加入少许盐，放入豆腐块，略微搅拌几下，煮约半分钟，去除酸涩味后捞出，沥干水分。沸水锅中再倒入洗净的牡蛎，搅匀，煮约 1 分钟。

❸ 用油起锅，放入姜片、葱段，爆香，倒入牡蛎，淋料酒，炒香、炒透，放入茼蒿段翻炒，倒入适量纯净水，再倒入豆腐块，加入盐、老抽、生抽、鸡粉，轻轻翻动，大火煮开后，转中火炖煮约 2 分钟，至食材入味，用大火收汁，倒入适量水淀粉，翻炒至汤汁收浓即可。

功效：牡蛎中的糖原能迅速补充体力，并可以提高机体免疫力。

西蓝花炒虾仁

材料：

西蓝花……150 克
虾仁……100 克
姜片、蒜末……少许
鸡粉……2 克
料酒……4 毫升
水淀粉、盐
植物油……适量

做法：

❶ 西蓝花洗净，切小块，放入开水锅中煮 1 分钟，捞出沥干；虾仁加盐、水淀粉、植物油，腌渍约 10 分钟。

❷ 用油起锅，放入姜片、蒜末爆香，倒入虾仁，淋料酒，翻炒至虾身弯曲、变色，再倒入西蓝花块，快速炒至全部食材熟软。

❸ 加入盐、鸡粉炒匀，倒入水淀粉勾芡，盛出即可。

功效：虾仁肉质松软，易消化，含有蛋白质、钙、磷、钾、钠、镁等营养成分，具有补充钙质、益气补血、开胃化痰等功效。

增高助长

饮食是促进人体生长发育必不可少的途径，能为身体提供源源不断的营养。坚持科学、合理的饮食方式，能让孩子在一日三餐中不知不觉长高个。保证膳食均衡，摄取种类丰富的食物，保证各种营养素的摄入量，才能为孩子的生长发育打下坚实的营养基础，同时还能促进生长发育，提高免疫力。谷物、肉、蛋类、蔬果以及奶类，既能为孩子的成长提供糖类、脂肪、蛋白质、维生素、无机盐等营养元素，又是构成平衡膳食的主要食物。

家长应在孩子小时候就引导孩子养成良好的饮食习惯，如定时定量进餐、用餐时保持愉快的心情、细嚼慢咽、不挑食、不偏食等，保证孩子在一日三餐中摄取充足合理的营养，进而促进身体正常的生长发育。

花生瘦肉泥鳅汤

材料：花生米 200 克，瘦肉 300 克，泥鳅 350 克，姜片少许，盐 3 克，胡椒粉 2 克

做法：

❶ 处理好的瘦肉切成块。锅中注入适量的清水，大火烧开，倒入瘦肉块，汆煮去血水、杂质，将瘦肉块捞出，沥干水分。

❷ 砂锅中注入适量的清水大火烧热，倒入瘦肉块、花生米、姜片，搅拌片刻，盖上锅盖，烧开后转小火煮 1 小时，掀开锅盖，倒入处理好的泥鳅，加入盐、胡椒粉，搅匀调味，再续煮 5 分钟，使食材入味。

❸ 将煮好的汤盛出，装入碗中即可。

功效：花生含丰富的维生素及无机盐，可以促进人体的生长发育，增高助长。

芹菜猪肉水饺

材料：

芹菜……100克
猪肉末……90克
饺子皮……95克
鸡粉、五香粉……各3克
姜末、葱花……少许
生抽……5毫升
盐、植物油……适量

做法：

❶ 洗净的芹菜切碎，往芹菜碎中撒上少许盐拌匀，腌渍10分钟，将腌渍好的芹菜碎倒入漏勺中，压掉多余的水分，将芹菜碎、姜末、葱花倒入猪肉末中，加入五香粉、生抽、盐、鸡粉、适量植物油拌匀入味，制成馅料。

❷ 备好一碗清水，用手指蘸上少许清水，往饺子皮边缘涂抹一圈，往饺子皮中放上少许的馅料，将饺子皮对折，两边捏紧，其他的饺子皮采用相同的做法制成饺子生胚，放入盘中。

❸ 锅中注入适量清水烧开，倒入饺子生胚拌匀，防止其相互粘连，煮开后再煮3分钟，加盖，用大火煮2分钟，待饺子上浮后捞出即可。

功效：猪肉营养丰富，能提高人体的免疫力，提升智力。

红烧狮子头

材料：

白菜、胡萝卜……各 100 克
老豆腐……155 克
虾仁末……60 克
猪肉末……75 克
鸡蛋液……60 克（1 个）
生粉……30 克
葱花、姜末……各少许
盐、鸡粉……各 3 克
料酒……5 毫升
植物油、芝麻油……各适量

做法：

❶ 胡萝卜、白菜洗净，切小块。
❷ 洗净的老豆腐装碗，用筷子夹碎，倒入虾仁末、猪肉末、葱花、姜末，打入鸡蛋液，加入 1 克的盐和鸡粉，放入料酒，沿一个方向拌匀，倒入生粉，搅拌均匀成馅料，取适量馅料挤出丸子状。
❸ 用油起锅，放入白菜块、胡萝卜块炒熟，加适量水，烧开，将挤出的丸子放入锅中，煮约 3 分钟，掠去浮沫，加入 2 克的盐和鸡粉。
❹ 关火后淋入芝麻油，搅匀，将煮好的狮子头连汤一块装碗即可。

功效：豆腐富含蛋白质、镁、钙等成分，有增强体质、保护肝脏等作用，任何人群都可以食用，特别是小朋友，常吃可以强健骨骼和牙齿。

核桃葡萄干牛奶粥

材料：核桃仁、葡萄干各 60 克，牛奶 400 毫升，大米 250 克

做法：

❶ 砂锅中注入适量的清水大火烧热，倒入牛奶、大米，搅拌均匀。

❷ 盖上锅盖，大火烧开后转小火煮 30 分钟至熟软。

❸ 掀开锅盖，放入核桃仁、葡萄干煮 3 分钟，将粥盛出，装入碗中即可。

功效：牛奶含有钙、磷、铁、锌、铜、锰、钼等无机盐，具有补充钙质、增强免疫力、开发智力等功效。

牛肉炖鲜蔬

材料：牛肉 135 克，冬瓜 180 克，黄彩椒、胡萝卜各 50 克，豌豆、红豆各 20 克，姜片、蒜末、葱段各少许，料酒、植物油、生抽、盐、水淀粉各适量

做法：

❶ 冬瓜去皮，洗净切片，黄彩椒、胡萝卜洗净切块，牛肉洗净切片，放生抽、盐、水淀粉、植物油腌渍约 10 分钟。

❷ 油锅烧至四成热，倒入牛肉片，滑油至变色后捞出；用油起锅，放入黄彩椒块、胡萝卜块、姜片、蒜末、葱段爆香，倒入冬瓜片翻炒。

❸ 注入清水，翻炒至冬瓜片熟软，放入牛肉片，加料酒、生抽、盐调味即可。

功效：牛肉属于高蛋白食物，有益于身体健康。

强健骨骼

营养是身体生长的首要因素，让孩子健康成长首先要保证充足的营养。

①可以多吃富含钙的食物，如牛奶、豆制品，不仅可以促进骨骼发育，还可以预防佝偻病。

②多吃一些富含维生素的食物，如维生素 E 可以促进血液循环，维生素 C 可以促进骨骼的生长发育。

③可以吃含蛋白质的食物，比如鸡蛋，有利于肌肉和骨骼的生长发育。

④另外记得多晒太阳，钙质才容易吸收。

⑤尽量少吃零食，如碳酸类的饮料，会使体内钙磷失调。

荷包蛋肉末粥

材料：肉末 80 克，鸡蛋 1 个，大米 65 克，姜丝、葱花、盐各少许

做法：

❶ 将鸡蛋煎成荷包蛋，盛出。

❷ 取榨汁机，选干磨刀座组合，将大米放入杯中，选择“干磨”功能，将大米磨成米碎，倒入碗中。

❸ 锅置大火上，注入适量清水，倒入米碎，拌匀煮熟，放入肉末、姜丝、葱花煮熟，再放入荷包蛋，加少许盐，拌匀即可。

功效：肉末富含蛋白质、维生素 A、B 族维生素、钙等营养元素，能促进骨骼和肌肉的快速生长。其所富含的锌、硒和碘是幼儿骨骼、肌肉生长和免疫系统建立所必需的营养物质。

芡实炖老鸭

材料：

鸭肉……500克
芡实……50克
陈皮、姜片、
葱段……少许
盐、鸡粉……各2克
料酒……适量

做法：

❶ 锅中注水，用大火烧开，倒入切好的鸭肉，淋入料酒，汆水，将汆煮好的鸭肉捞出沥水。

❷ 砂锅中注水，用大火烧热，倒入备好的芡实、陈皮、鸭肉，再加入料酒、姜片、葱段，盖上锅盖，烧开后转小火煮1小时至食材熟透，揭开锅盖，加入盐、鸡粉，搅拌片刻至食材入味。

❸ 关火后将炖煮好的鸭肉盛出，装入碗中即可。

功效：鸭肉的蛋白质比畜肉含量高得多，而且鸭肉蛋白质主要是肌浆蛋白和肌凝蛋白，可强壮骨骼、增高助长。

胡萝卜烩牛肉

材料：

牛肉……135 克
胡萝卜……180 克
口蘑……100 克
姜片、蒜末、
葱段……少许
植物油、盐、料酒、
生抽、水淀粉……各适量

做法：

❶ 胡萝卜去皮切片；口蘑切片；牛肉洗净切块，放生抽、盐、水淀粉、植物油腌渍约 10 分钟至入味。

❷ 油锅烧至四成热，倒入牛肉滑油至变色后捞出；用油起锅，放入姜片、蒜末、葱段爆香，倒入胡萝卜片、口蘑片翻炒。

❸ 注入适量清水，翻炒至食材熟软，放入牛肉块，煮 30 分钟，加料酒、生抽、盐调味即可。

功效：牛肉中的蛋白质、氨基酸含量比较丰富，容易被人体吸收利用，是生长发育和修复细胞组织所必需的重要物质。

肉末番茄

材料：

番茄……100 克
猪瘦肉……200 克
洋葱……40 克
蒜末、葱段、
番茄酱……各少许
料酒……10 毫升
植物油、盐、鸡粉、
水淀粉……各适量

做法：

❶ 洗好的番茄切成小块；洋葱切圈；猪瘦肉剁成末，装入碗中，加少许盐、鸡粉、水淀粉拌匀腌渍。

❷ 用油起锅，倒入猪肉末，快速翻炒至变色，放入蒜末、葱段、番茄块，翻炒出香味，淋入料酒，炒匀。

❸ 加入适量盐、鸡粉、番茄酱，炒匀调味，倒入水淀粉，快速翻炒均匀，关火后盛出，放上洋葱圈即可。

功效：番茄富含维生素 A、B 族维生素、维生素 C、胡萝卜素和钙、磷、镁、铁、锌、铜等营养元素，能为幼儿的生长发育提供全面、充足的营养，有增强免疫力的作用。

牛肉条炒西蓝花

材料：

西蓝花……150克
牛肉……200克
蒜片……少许
白糖……2克
胡椒粉……3克
植物油、盐、料酒、
生抽、水淀粉……各适量

做法：

❶ 洗净的西蓝花切小块；牛肉切条，装碗，加入少许盐、料酒、水淀粉、植物油拌匀腌渍。

❷ 用油起锅，倒入牛肉条翻炒约2分钟至转色，盛出装盘。

❸ 另起锅注油，倒入西蓝花块、蒜片，炒香，加入料酒，炒匀，倒入牛肉条，加入胡椒粉、生抽、白糖，炒匀至入味，盛出即可。

功效：西蓝花当中的蛋白质含量是菜花的3倍，同时富含钙、磷、铁、钾、锌、锰，还含有丰富的抗坏血酸，能够增强肝脏的解毒能力。

虾仁炒面

材料：

熟面条……150 克
虾仁……100 克
胡萝卜、黄彩椒、
红彩椒、葱花……各少许
盐、生抽、芝麻油、
料酒、植物油……各适量

做法：

❶ 洗净的胡萝卜切条，黄彩椒、红彩椒切丝。
❷ 沸水锅中倒入胡萝卜条，焯煮一会儿至断生，捞出沥干水分。
❸ 用油起锅，倒入适量葱花，爆香，倒入熟面条，翻炒约 1 分钟，加入生抽、芝麻油，炒匀，将炒好的面条盛入碗中。
❹ 另起锅注油，倒入葱花、胡萝卜条、黄彩椒丝、红彩椒丝、虾仁，炒匀，加入料酒、清水、盐，炒约 1 分钟至入味，将食材盛出，浇在面上即可。

功效：虾仁含有蛋白质、维生素 A、维生素 C、钙、镁、硒、铁、铜等营养成分，具有益气补血、清热明目等功效。

预防铅中毒

儿童铅中毒的临床症状主要是：多动、注意力不集中、情绪不稳定、手眼协调差；智商发育受到影响，甚至出现智力低下；消化系统症状，如食欲缺乏、生长发育迟缓；免疫系统缺陷，如儿童经常发热、容易感冒；口腔问题，如可见龋齿，牙龈上可见灰色铅线。

要保证合理膳食、营养均衡，多食有驱铅功能的食物，如牛奶、胡萝卜、金针菇，富含维生素 C 的新鲜蔬菜、水果等。注意给儿童补充维生素 C、维生素 B_1、维生素 B_6，补充钙、铁、锌等元素，可减少对铅的吸收，减少组织中的蓄积和铅毒性作用的影响。若儿童患营养不良，特别是体内缺乏钙、铁、锌等元素，可使铅的吸收率提高、易感性增强。

虾皮紫菜豆浆

材料：黄豆 40 克，紫菜、虾皮、盐各少许，

做法：

❶ 将已浸泡 8 小时的黄豆洗干净。
❷ 将备好的虾皮、黄豆、紫菜倒入豆浆机中，注入适量清水，至水位线即可，盖上豆浆机机头，选择“五谷”程序，再选择“开始”键，开始打浆。
❸ 待豆浆机运转约 15 分钟，即成豆浆，断电，取下机头，把煮好的豆浆倒入滤网，滤取豆浆。
❹ 将滤好的豆浆倒入杯中，加入少许盐，搅匀即可。

功效：虾皮中含有丰富的钙元素，能很好地补充钙质，是缺钙人群的理想补钙食品，可以促进青少年的骨骼发育。

清香虾球

材料：

基围虾仁……180 克
西蓝花……140 克
木耳……3 朵
鸡粉、白糖……各 2 克
胡椒粉……5 克
植物油、盐、
料酒、水淀粉……适量

做法：

❶ 洗净的西蓝花切小块；洗好的虾仁背部划开，取出虾线，装碗；木耳泡发。

❷ 虾仁中加入少许盐、料酒、胡椒粉拌匀腌渍入味。沸水锅中加入盐，倒入少许植物油，放入西蓝花汆煮至断生，捞出，摆在盘子四周，木耳摆在中间。

❸ 另起锅注油，倒入腌好的虾仁，翻炒均匀至虾仁微微转色，加入少许清水，放适量盐、白糖、鸡粉翻炒约 1 分钟至入味，用水淀粉勾芡翻炒至收汁，盛出虾仁，放在西蓝花中间即可。

功效：西蓝花当中的营养成分能够提高免疫细胞的吞噬作用，增强免疫功能。

玉米笋炒荷兰豆

材料：

玉米笋……150 克
荷兰豆……100 克
胡萝卜……80 克
姜末、蒜末……各少许
盐、料酒、水淀粉、
植物油……各适量

做法：

❶ 去皮洗净的胡萝卜切成条；荷兰豆、玉米笋洗净。

❷ 锅中注入适量清水烧开，淋入少许植物油，加入适量盐，倒入洗净的荷兰豆、胡萝卜条、玉米笋，搅拌均匀，煮 1 分钟，捞出。

❸ 用油起锅，放入姜末、蒜末爆香，放入焯过水的食材，快速翻炒均匀，加入料酒、盐，炒匀调味，倒入少许水淀粉，翻炒均匀即可。

功效：荷兰豆含有蛋白质、膳食纤维、胡萝卜素、维生素 B_1、维生素 B_2、钙、磷、钾等营养成分，能增强人体的新陈代谢。

包菜彩椒粥

材料： 大米 65 克，黄彩椒、红彩椒各 50 克，包菜 30 克

做法：

❶ 洗净的包菜切碎，红彩椒、黄彩椒切丁。砂锅中注水，放入包菜，倒入泡好的大米。加盖，用大火煮开后转小火煮 30 分钟至食材熟软，揭盖，倒入黄彩椒丁和红彩椒丁，搅匀。

❷ 加盖，煮约 5 分钟至彩椒丁熟软，揭盖，关火后盛出煮好的粥，装碗即可。

功效： 包菜含有丰富的维生素 A、钙、磷等营养元素，这些都是促进骨骼发育的主要营养物质。幼儿食用包菜有利于骨骼的健壮，还能提高免疫力，预防感冒。

胡萝卜汁

材料： 胡萝卜 100 克

做法：

❶ 将洗净的胡萝卜切开，切成小瓣。取榨汁机，选择搅拌刀座组合，倒入切好的食材，注入少许纯净水，盖上盖，选择“榨汁”功能，榨取胡萝卜汁。

❷ 断电后倒出蔬菜汁，装入杯中即可。

功效： 胡萝卜具有宽肠通便、利于五脏、补肝明目的功效，适合便秘、营养不良等患儿食用。

PART 04
儿童常用
保健食物

五谷杂粮类

杂粮富含膳食纤维，有效预防便秘

粳米

热量：346 千卡 /100 克

每日适用量：70 克

营养分析

粳米米糠层的粗纤维分子有助于胃肠的蠕动，对儿童便秘有很好的疗效。同时，粳米中的蛋白质含量丰富，是儿童成长中不可或缺的营养物质。粳米所含的人体必需氨基酸比较全面，能提高人体的免疫力，促进血液循环，对儿童有益。

注意事项

营养不良、病后体弱者不宜过多食用。

小米

热量：358 千卡 /100 克

每日适用量：50 ~ 200 克

食养功效

小米是粗粮中的一类，其纤维素的含量较高。学龄期儿童偏向于吃甜食，不爱吃饭或吃得很少，长期如此，极易造成营养不良，从而导致一些常见的儿童疾病。而小米却弥补了这一点，小米能开胃消食，让孩子得到充分的营养。

注意事项

不能用小米代替其他主食，因为小米中含有的蛋白质的氨基酸组成并不理想，应与其他食物搭配食用。

燕麦

热量：367 千卡 /100 克

每日适用量：50 ~ 150 克

营养分析 燕麦含丰富的营养物质，具有益肝和胃等功效。燕麦还能够抗细菌、抗氧化，在春季食用能够提高免疫力、抵抗流感。此外，它还可以改善血液循环。

注意事项

应挑选大小均匀、颗粒饱满、有光泽的燕麦粒。密封后存放在阴凉干燥处。

小麦

热量：284 千卡 /100 克

每日适用量：50 ~ 200 克

营养分析 小麦加工成面粉，做成面条。面条的主要营养成分有蛋白质、脂肪、糖类等，易于消化吸收，有改善贫血、增强免疫力、平衡营养吸收等功效。其富含的 B 族维生素，对脑细胞有刺激作用。

注意事项

很多面条在制作的过程中会加入大量的盐，以便让面条在口感上更筋道，所以在煮面的时候一定要少放盐。

黑米

热量：341 千卡 /100 克

每日适用量：100 克左右

营养分析

黑米富含蛋白质、脂肪、B 族维生素、钙、磷、铁、锌等物质，营养价值高于普通稻米。它能明显提高人体血红蛋白的含量，有利于心血管系统的保健，同时还能降糖降压、益肾抗衰和预防动脉硬化。

注意事项

黑米适合头昏、眩晕、贫血、咳嗽等患儿服用。但需注意，火盛热燥者忌食。

红豆

热量：309 千卡 /100 克

每日适用量：50 克左右

营养分析

红豆含有较多的皂苷，有良好的利尿作用，对心脏病和肾病、水肿有益；红豆含有的膳食纤维具有润肠通便的作用。

注意事项

红豆以豆粒完整、大小均匀、颜色深红、紧实薄皮的为佳，应干燥保存。

绿豆

热量：309 千卡 /100 克

每日适用量：50 克左右

营养分析 绿豆中富含蛋白质、糖类、纤维素、磷脂、香豆素、生物碱、皂苷等，有清热解毒、抗菌抑菌、抗过敏、降血脂等作用。

注意事项

辨别绿豆时，一观其色，如是褐色，说明其品质已变；二观其形，如表面白点多，说明已被虫蛀。保存前应将绿豆在阳光下暴晒 5 小时后再密封保存。

黑豆

热量：381 千卡 /100 克

每日适用量：30 ~ 60 克

营养分析 黑豆具有高蛋白、低热量的特性，其中优质蛋白比黄豆约高出 25%，居各种豆类之首。黑豆富含多种维生素，尤其是维生素 E。维生素 E 是一种脂溶性维生素，是主要的抗氧化剂之一，发挥着重要的抗氧化、保护机体细胞免受自由基侵害的作用，对小孩的健康生长起重要作用。

注意事项

黑豆易产气和产生饱腹感，故在食用时不宜过多，要适量食用。

黄豆

热量：359 千卡 /100 克

每日适用量：70 克

营养分析 黄豆中含有的卵磷脂是构成脑神经细胞的重要物质和原料。黄豆中还含有丰富的优质蛋白质、维生素及无机盐，对孩子健康十分有益。黄豆可以制成豆浆或豆腐食用。黄豆中的各种无机盐对缺铁性贫血有益，且能促进酶的催化、调节激素分泌和新陈代谢。

注意事项

患有消化不良、胃脘胀痛、腹胀等慢性消化道疾病的人应尽量少食。

豆浆

热量：14 千卡 /100 克

每日适用量：100 ~ 250 毫升

营养分析 豆浆极富营养和保健价值，富含蛋白质和钙、磷、铁、锌等几十种无机盐，以及维生素 A、B 族维生素等多种维生素。大豆中丰富的卵磷脂能降低胆固醇，可以维持血液良好的代谢状态，从而提高免疫力，保证身体健康。

注意事项

豆浆是豆类制品，其植物蛋白的含量较为丰富，一般和其他食物同时食用，不宜空腹饮用。

豆腐

热量：57 千卡 /100 克

每日适用量：100 ~ 300 克

营养分析 豆腐中蛋白质含量极其丰富，遂有“植物肉类”之称。豆腐中所含的蛋白质主要是植物蛋白，含有人体所必需的 8 种氨基酸。其钙元素的含量也较高，而钙元素对小孩的生长发育起着重要作用，所以适量食用豆腐对小孩是极为有益的。

注意事项

豆腐应即买即食，买回后，应立刻浸泡于凉水中，并置于冰箱中冷藏，待烹调前再取出。

豆腐皮

热量：409 千卡 /100 克

每日适用量：100 ~ 300 克

营养分析 豆腐皮含有丰富的蛋白质及多种无机盐，如铁、钙、钼等人体所需的 18 种元素，能补充钙质，防止因缺钙引起的骨质疏松，促进骨骼发育，对小儿、老人的骨骼生长极为有利。其氨基酸的含量也较高，儿童食用能提高免疫能力，促进发育。

注意事项

让孩子少吃凉拌的豆腐皮，因为凉拌后吃相当于生食，豆腐皮上面可能会被细菌所污染，食用被污染的豆腐皮易引起肠道不适。

水果 / 干果类

富含维生素 C，
抗氧化，增强免疫力

菠萝

热量：41 千卡 /100 克

每日适用量：100 ~ 300 克

营养分析 菠萝蛋白酶能有效分解食物中的蛋白质，增强肠胃蠕动能力，溶解阻塞于组织中的纤维蛋白和血凝块，改善局部的血液循环，缓解炎症和水肿。菠萝中维生素 C 含量较为丰富，具有很好的抗氧化能力，能增强机体的免疫能力。

注意事项

未削皮的菠萝可以置于室温储存，削皮的应用保鲜膜包好，放入冰箱储存，但也不宜超过 2 天。

山楂

热量：102 千卡 /100 克

每日适用量：5 ~ 15 克

营养分析 山楂中含有较多的维生素 C 和维生素 E，是儿童生长发育过程中必不可少的营养物质。维生素 C 和维生素 E 不仅可以参与身体中许多生理代谢过程，提高免疫力，还能够促进铁在肠道的消化吸收，改善和预防儿童缺铁性贫血。适当吃山楂能够加速消化液分泌，促进胃肠蠕动，适合食欲不佳、疳积的儿童食用。

注意事项

山楂只消不补，长期多食会损伤正气，对牙齿也不利。

荔枝

热量：70 千卡 /100 克

每日适用量：3 ~ 10 颗

营养分析 荔枝含有丰富的维生素，可促进毛细血管的血液循环，益于增强机体的免疫功能，提高抗病能力。此外，荔枝所含的糖分也较高，具有补充能量的作用。

注意事项

新鲜荔枝应该是色泽鲜艳、个头匀称、皮薄肉厚、质嫩多汁、味甜，富有香气的。挑选时可以先在手里轻捏，好荔枝的手感富有弹性。

苹果

热量：52 千卡 /100 克

每日适用量：1 个

营养分析 苹果中富含粗纤维，可促进肠胃蠕动，协助人体顺利排出废物，减少有害物质对皮肤的危害。苹果还含有维生素 C，这是心血管的保护元素，还能提高机体的免疫力。

注意事项

苹果中的多酚类物质主要存在于苹果皮中，因此，在充分洗净其表面的农药残留等物质的前提下，应将果皮与果肉一同吃掉。

香蕉

热量：91 千卡 /100 克

每日适用量：1 个

营养分析 香蕉中的钾元素含量较高，可以将体内过多的钠元素排出体外，能起到降低血压的效果。此外，香蕉还能安抚烦躁情绪，对身体极为有益。香蕉中维生素 A 的含量较为丰富，维生素 A 能促进生长，增强对疾病的抵抗能力，是维持机体正常运转的必需营养物质。

注意事项

香蕉和芋头同食会导致腹胀；香蕉和红薯同食易引起身体不适。

火龙果

热量：51 千卡 /100 克

每日适用量：1 个

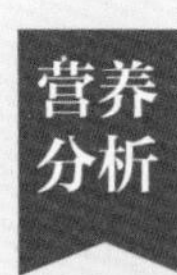

火龙果富含大量果肉纤维，有丰富的胡萝卜素、B 族维生素及维生素 C 等，钙、磷、铁等无机盐及各种酶、白蛋白、纤维质及花青素等营养成分含量也极为丰富，具有保持眼睛健康、助细胞膜生长、预防贫血、增加食欲的功效。

注意事项

挑选火龙果时，分量越重汁越多，果肉也越丰满，所以购买火龙果时重量越重越好，果皮越红越好。

猕猴桃

热量：56 千卡 /100 克

每日适用量：1 个

营养分析 猕猴桃营养丰富，美味可口，含有丰富的维生素 A、维生素 C 和维生素 E，不仅能美丽肌肤，而且具有抗氧化作用，能有效强化机体的免疫系统，提高免疫力。

注意事项

猕猴桃性寒凉，脾胃虚寒、腹泻便溏的患儿不宜食用。

西瓜

热量：25 千卡 /100 克

每日适用量：100 ~ 300 克

营养分析 西瓜营养丰富，是众所周知的清凉解热的佳品。西瓜的水分较为充足，人在吃西瓜后尿量会明显增加，可减少胆色素的含量。

注意事项

在炎热的夏天，很多孩子喜欢吃冰西瓜，其对胃的刺激很大，容易引起脾胃损伤。

哈密瓜

热量：34 千卡 /100 克

每日适用量：50 ~ 200 克

营养分析

哈密瓜营养丰富，含有蛋白质、膳食纤维及无机盐等多种营养成分，在所含无机盐中钾的含量是最高的。适量的钾对身体是非常有益的，可以给身体提供保护，还能够保持正常的心率和血压，有效地预防冠心病，同时还能够防止肌肉痉挛。

注意事项

哈密瓜不容易变质，易于储存，但若是已经切开的哈密瓜，则要尽快食用，或用保鲜膜包好，放入冰箱保存。

花生

热量：298 千卡 /100 克

每日适用量：30 ~ 100 克

营养分析

花生中的蛋白质，其氨基酸组成比较符合人体需求，必需氨基酸比例很高，能够加速伤口愈合，促进生长激素的分泌和神经系统发育。其中，谷氨酸和天冬氨酸可促进细胞发育、增强记忆力，赖氨酸也有助于儿童智力发育。

注意事项

患有消化系统疾病，如痢疾、急性胃肠炎等疾病的儿童不宜食用，否则会加重胃肠负担。

板栗

热量：212 千卡 /100 克

每日适用量：3 ~ 10 颗

营养分析 板栗有益气健脾、厚补胃肠的作用。板栗含有大量的糖类，能供给儿童较多的热量，为新陈代谢与组织器官发育提供能量。板栗含有较多的维生素 B_2，常吃有助于预防小儿口腔溃疡。

注意事项

板栗的营养价值虽高，但不易消化。儿童的消化系统发育还不完善，所以不能一次吃太多板栗，尤其是脾胃不和、食后腹胀、便秘的儿童，应少吃板栗。

核桃

热量：627 千卡 /100 克

每日适用量：15 ~ 20 克

营养分析 核桃富含钙、磷、铁、锌、胡萝卜素、维生素 B_2、维生素 B_6、维生素 E、磷脂等营养物质，以及胡桃醌、鞣质等生物活性物质，可以比较全面地提供儿童所需要的多种营养物质，所以儿童常吃核桃，有助于促进智力和免疫系统发育。

注意事项

核桃虽好，但腹泻、阴虚火旺、痰湿较重的孩子不宜常吃，否则会加重燥热的症状。

蔬菜类

富含维生素，
有效增强免疫力

小白菜

热量：15 千卡 /100 克

每日适用量：100 ~ 400 克

营养分析 小白菜含有丰富的粗纤维，能通利肠胃，促进肠道蠕动，排除体内的毒素，对预防小儿便秘有重要作用。此外，小白菜含钙量高，是防治维生素 D 缺乏（佝偻病）的理想蔬菜。小白菜还含有一些抗过敏的营养成分，适当食用对健康有益。

注意事项

小白菜一般人皆可食用，可煮食或炒食，亦可做成菜汤或直接凉拌食用，但孩子脾胃功能较弱，应尽量少食凉拌菜。

生菜

热量：15 千卡 /100 克

每日适用量：100 克

营养分析 生菜具有清热安神、清肝利胆、消除多余脂肪，降低胆固醇的功效，可辅助治疗神经衰弱等症状。所含有的维生素 C 能有效缓解牙龈出血，还具有助消化、增进食欲、促进血液循环等作用，有利于增强孩子免疫力。

注意事项

生菜凉拌、炒、做汤均可，凉拌更容易保留其营养素。清洗生菜时，可用淡盐水浸泡片刻后再洗净，以清除农药残留。

油菜

热量：23 千卡 /100 克

每日适用量：150 克左右

营养分析 油菜具有活血化瘀、消肿解毒、促进血液循环、润肠通便、强身健体的功效，对游风丹毒、手足疖肿、乳痈、习惯性便秘、缺钙等病证有食疗作用。

注意事项

口腔溃疡、口角湿白、齿龈出血、牙齿松动、瘀血腹痛患者宜多食油菜。

菠菜

热量：24 千卡 /100 克

每日适用量：50 ~ 300 克

营养分析 菠菜含有大量的植物粗纤维，具有促进肠道蠕动的作用，利于排便，且能促进胰腺分泌，帮助消化，对预防和治疗小儿便秘有疗效。菠菜中所含的胡萝卜素，在人体内转变成维生素 A，能维护正常视力和上皮细胞的健康，增加预防传染病的能力，促进儿童生长发育。

注意事项

挑选叶色较青、新鲜、无虫害的菠菜为宜。

芥蓝

热量：19 千卡 /100 克

每日适用量：100 ~ 350 克

营养分析

芥蓝中富含有机碱，这使之带有一定的苦味，能刺激人的味觉神经，增进食欲。芥蓝可加快胃肠蠕动，有助消化的作用，对小孩的生长发育有益。此外，芥蓝还含有粗纤维，能促进肠道蠕动，对预防便秘有效。

注意事项

芥蓝有苦涩味，在炒菜食用时加入少量的糖和酒，可以改善口感，让小孩不至于挑食。

包菜

热量：22 千卡 /100 克

每日适用量：100 ~ 350 克

营养分析

包菜富含叶酸，叶酸属于一种 B 族维生素的复合体，对巨幼细胞贫血和胎儿畸形有很好的预防作用；其富含维生素 C、维生素 E 和胡萝卜素等，维生素总含量比一般蔬菜都要高，所以具有很好的抗氧化作用，有利于幼儿健康。

注意事项

炒食包菜宜大火快炒，原则就是不能加热太久，以免其中的维生素遭到破坏。

芹菜

热量：12 千卡 /100 克

每日适用量：50 ~ 200 克

营养分析 芹菜含有大量的膳食纤维，这种营养元素是不会被人体消化吸收的，反而能够促进肠胃的蠕动，加速粪便的排出。

注意事项

在食用芹菜时，很多人习惯将芹菜叶去掉，只留其茎秆，这样是错的，其实芹菜叶的营养要高于芹菜茎，甚至要高出好几倍。

莴笋

热量：14 千卡 /100 克

每日适用量：100 ~ 500 克

营养分析 莴笋中糖类的含量较低，而无机盐、维生素的含量较丰富，尤其是含有较多的烟酸，而烟酸是胰岛素的激活剂，可改善糖代谢功能，提高人体血糖代谢功能，对有遗传性的糖尿病小儿尤佳。

注意事项

焯莴笋时一定要注意时间和温度，焯的时间过长、温度过高都会使莴笋绵软，失去清脆口感。

丝瓜

热量：20 千卡 /100 克

每日适用量：100 ~ 300 克

营养分析 丝瓜中的维生素 C 含量较高，能促进代谢，提高人体免疫功能，预防各种维生素 C 缺乏症。丝瓜中 B 族维生素的含量也高，有利于幼儿的大脑发育。

注意事项

丝瓜是寒凉性质的蔬菜，脾胃虚寒和消化功能低下的小孩要适量食用。

南瓜

热量：22 千卡 /100 克

每日适用量：100 ~ 300 克

营养分析 南瓜含有丰富的胡萝卜素和维生素 C，能保肝护肝、保护视力。南瓜还含有维生素 A 和维生素 D，维生素 A 能保护胃黏膜，防止胃炎，而维生素 D 能促进钙和磷的吸收，促进骨骼生长，也能防止小儿佝偻病。另外，吃南瓜还能防治小儿蛔虫病。

注意事项

以油烹炒南瓜有助于营养成分的吸收。

黄瓜

热量：15 千卡 /100 克

每日适用量：100 ~ 300 克

营养分析 黄瓜中含有较高的葫芦素 C，具有提高人体免疫功能的作用。此外，该物质还可治疗慢性肝炎。黄瓜含有丰富的 B 族维生素，对改善大脑和神经系统功能有利，能安神定志，辅助改善睡眠问题。

注意事项

黄瓜性寒凉，脾胃虚寒和消化功能低下者不宜多食。

番茄

热量：19 千卡 /100 克

每日适用量：100 ~ 300 克

营养分析 番茄富含维生素 A、维生素 C、维生素 B_1、维生素 B_2 以及胡萝卜素、钙、磷、钾、镁、铁、锌、铜、碘等多种营养元素，还含有蛋白质、糖类、有机酸、纤维素等，具有生津止渴、健胃消食、清热解毒、凉血平肝、补血养血和增进食欲的功效。

注意事项

番茄不宜生吃，更不能空腹食用，因为番茄中的一些化合物能与胃酸结合形成不溶于水的块状物，生食后很容易导致腹痛不适。

茄子

热量： 21 千卡 /100 克

每日适用量： 100 ~ 300 克

营养分析 茄子含有皂草甙，可促进蛋白质、脂质、核酸等的合成，提高其供氧能力，改善血液流动，防止血栓，提高免疫力。茄子含有丰富的维生素，尤其是维生素 P，这种物质能增强人体细胞间的黏着力，增强毛细血管的弹性，减低毛细血管的脆性及渗透性，使心血管保持正常的功能。

注意事项

茄子皮的营养价值较高，在食用时最好不要去除。

彩椒

热量： 19 千卡 /100 克

每日适用量： 50 ~ 150 克

营养分析 彩椒性温热，具有温中、消食的功效，对于小孩食后积滞引起的食欲匮乏、消化不良有疗效。另外，彩椒还能促进机体新陈代谢，排除体内毒素，对小孩的健康有益。

注意事项

新鲜的彩椒大小均匀，色泽鲜亮，闻起来具有瓜果的香味。而劣质的彩椒大小不一，色泽较为暗淡，没有瓜果的香味。保存时宜冷藏，也可置于通风干燥处储存，温度不宜过高。

玉米

热量：106 千卡 /100 克

每日适用量：1 个

营养分析 玉米含有丰富的纤维素，不但可以刺激胃肠蠕动，防止便秘，还可以促进胆固醇的代谢，加速肠内毒素的排出。玉米中含有维生素 E，有促进细胞分裂、降低血清胆固醇、防止皮肤病变等功能，还能减轻动脉硬化和脑功能衰退。玉米还含有丰富的维生素 A，能保护视力，防止夜盲症。

注意事项

腹泻、胃寒胀满、胃肠功能不良者一次不可多吃。

土豆

热量：76 千卡 /100 克

每日适用量：100 ~ 350 克

营养分析 土豆含有大量膳食纤维，能宽肠通便，帮助机体及时代谢毒素，防止便秘，预防肠道疾病的发生。土豆还含有大量的淀粉，能提供丰富的营养能源，增强机体的免疫功能。

注意事项

土豆含有一些有毒的生物碱，主要是茄碱和毛壳霉碱，在其发芽时达到极大值，故发芽的土豆不要食用。

胡萝卜

热量：25 千卡 /100 克

每日适用量：100 ～ 400 克

营养分析

胡萝卜营养丰富，含有的 B 族维生素有抗癌作用，经常食用可以增强人体的抗癌能力。胡萝卜还含有丰富的铁元素，能预防贫血和治疗轻度贫血症。另外，胡萝卜含有膳食纤维，与其他蔬菜搭配食用，通便效果很明显。

注意事项

生吃胡萝卜时，70%以上的胡萝卜素不能被吸收，用植物油将其炒熟后食用，方能提高胡萝卜素的吸收利用率。

莲藕

热量：70 千卡 /100 克

每日适用量：100 ～ 350 克

营养分析

莲藕中含有丰富的维生素 K，具有收缩血管和止血的作用。莲藕还含有一定的鞣质，有健脾止泻的作用，能增进食欲，促进消化，开胃健中，有益于胃纳不佳、食欲匮乏、消化不良者恢复健康。在块茎类食物中，莲藕含铁量较高，对缺铁性贫血者尤为适宜。

注意事项

把莲藕放入非铁质容器内，加满清水，每周换一次水，可存放 1 ～ 2 个月。

荸荠

热量：59 千卡 /100 克

每日适用量：3 ~ 6 个

营养分析 荸荠含有较多的淀粉和糖类，所以口感甘甜，能够提供一定的热量，供给儿童生长和运动消耗。荸荠中含有较多的磷，磷和钙都是骨骼和牙齿的重要构成材料，如果儿童缺少磷，则不利于钙的吸收，会影响骨骼发育。

注意事项

脾胃虚寒、血虚、血瘀者不宜常吃荸荠。

香菇

热量：19 千卡 /100 克

每日适用量：50 ~ 200 克

营养分析 香菇的药用价值较高，其含有的干扰素诱发剂具有抗病毒的作用，对小孩病毒性感染有预防和辅助治疗作用。经常食用，还能增强人体的免疫力，预防感冒。

注意事项

烹饪前要在水（冬天用温水）里提前浸泡一天，经常换水并用手挤出杆内的水，这样既能泡发彻底，又不会造成营养的大量流失。

畜禽蛋奶类

富含蛋白质，有效增强免疫力

牛肉

热量：106 千卡 /100 克

每日适用量：每餐 50 ~ 80 克

营养分析 牛肉中的肌氨酸含量比其他食品都高，对增长肌肉，增强力量和耐受力特别有效。肌氨酸是肌肉燃料之源，可以有效补充三磷酸腺苷。牛肉还富含铁元素，是造血必需的无机盐。

注意事项

炒牛肉片之前，先用啤酒将面粉调稀，淋在牛肉上，拌匀后腌渍 30 分钟，可增加牛肉的鲜嫩程度。

猪肉

热量：143 千卡 /100 克

每日适用量：50 克

营养分析 猪肉是优质蛋白质的主要来源，富含人体必需氨基酸，而且易于消化吸收。儿童处在生长发育阶段，对蛋白质和铁的需求量都很大，所以应该每日吃适量的猪瘦肉补充所需。

注意事项

猪肉滋腻，易助痰生湿，所以体型肥胖的孩子应少吃猪肉。

猪肝

热量：129 千卡 /100 克

每日适用量：50 克

营养分析 猪肝营养丰富，一般儿童都适合食用，尤其是轻度缺铁性贫血或皮肤干燥、视力较差的孩子，应该常吃一些猪肝。猪肝富含维生素 A, 维生素 A 属于脂溶性维生素，可以维持正常的视觉功能，保护皮肤和黏膜，促进免疫球蛋白的合成和维持骨骼的正常发育。

注意事项

要挑选新鲜的肝脏，并充分清洗，其中的代谢毒物含量可以忽略不计。

鸡肉

热量：167 千卡 /100 克

每日适用量：50 克

营养分析 鸡胸肉、鸡腿肉中的脂肪含量较低，富含蛋白质、钙、磷、铁、镁、钾、钠及维生素 A、维生素 B_1、维生素 B_2 等，口感细腻、易于消化，很适合咀嚼、消化功能较差的儿童，可以为其各系统器官发育、恒牙的萌发、病愈后的恢复提供营养。

注意事项

因为鸡肉中的脂肪主要存在于皮中，皮中还含有较多的饱和脂肪酸，所以儿童食用鸡肉应尽量去皮。

鸡肝

热量：121 千卡 /100 克

每日适用量：50 克

营养分析 儿童经常吃些鸡肝能保护眼睛，维持正常视力，防止眼睛干涩、疲劳，还有助于保护皮肤，维持皮肤和黏膜组织的屏障功能，提高免疫力。

注意事项

新鲜鸡肝外形完整，呈暗红色或褐色，颜色均匀有光泽，质地有弹性，有淡淡的血腥味，无腥臭等异味。

鸭肉

热量：262 千卡 /100 克

每日适用量：50 ~ 100 克

营养分析 鸭肉含有丰富的维生素，其中所含 B 族维生素和维生素 E 较多，能有效抵抗脚气病、神经炎和多种炎症。鸭肉中的脂肪丰富，但不同于其他动物油，其各种脂肪酸的比例接近理想值，有降低胆固醇的作用，对患动脉粥样硬化的人群尤为适宜。

注意事项

不宜选购病死和肉质不新鲜的鸭子。若是冷藏，时间不要太长，最好当天吃。

鸡蛋

热量：144 千卡 /100 克

每日适用量：1 ~ 2 个

营养分析 鸡蛋是儿童最好的蛋白质来源，对孩子的身体和智力发育有重要作用，能健脑益智，改善记忆力，促进伤口和病灶的愈合，促进肝细胞的再生，增强儿童肝脏的代谢解毒功能。

注意事项

水煮鸡蛋和蒸蛋羹的吸收率最高，可达到 98% ~ 100%，炒鸡蛋和油煎略低。每天一个鸡蛋，对儿童的身体和智力发育有很大好处。

鹌鹑蛋

热量：144 千卡 /100 克

每日适用量：3 ~ 5 个

营养分析 虽然鹌鹑蛋小，但是营养价值一点也不低。鹌鹑蛋含有丰富的蛋白质和卵磷脂，还有各种无机盐和维生素，有补气补血的作用，经常食用还能强壮筋骨。

注意事项

鹌鹑蛋外面有自然的保护层，生鹌鹑蛋在常温下可以存放45天，熟鹌鹑蛋在常温下可存放 3 天。

牛奶

热量：54 千卡 /100 毫升

每日适用量：200 ~ 300 毫升

营养分析 牛奶中含有丰富的蛋白质、脂肪、维生素和无机盐等营养物质。乳蛋白中含有人体所必需的氨基酸；乳脂肪多为短链和中链脂肪酸，极易被人体吸收；钾、磷、钙等无机盐配比合理，易被人体吸收。

注意事项

巴氏杀菌奶能最大限度地保留牛奶的营养，但保质期较短。

酸奶

热量：72 千卡 /100 克

每日适用量：100 ~ 300 克

营养分析 酸奶能促进消化液的分泌，增强儿童的消化能力，促进食欲。酸奶含有丰富的蛋白质、维生素和多种无机盐，是重要的补钙食物。儿童经常食用适量酸奶，不仅能得到丰富的营养，还能调节肠道菌群，增加有益菌，抑制肠道有害菌的生长，从而提高抗病能力。

注意事项

酸奶中的乳糖大部分已经被分解，所以乳糖不耐受的儿童也可以食用。

水产类

富含优质蛋白，增强免疫力

鲈鱼

热量：105 千卡 /100 克

每日适用量：100 ~ 200 克

营养分析 鲈鱼有健脾益肾、补气血、安神、化痰止咳的作用，鱼肉中富含蛋白质、维生素 A、B 族维生素、钙、镁、锌、硒等营养元素。鲈鱼中的 DHA 含量远高于其他淡水鱼，是促进儿童智力发育非常好的食物。

注意事项

鲈鱼有健脾胃的效果，特别适合脾胃腹泻、疳积、消化不良、消瘦的儿童食用，应用易于消化又能充分保留营养的蒸、炖等方法烹调。

鳜鱼

热量：117 千卡 /100 克

每日适用量：100 ~ 150 克

营养分析 鳜鱼含有丰富的蛋白质、脂肪、维生素 A、维生素 E、钙、钾、镁、硒等营养元素，其中必需氨基酸占氨基酸总量的 35% 左右，营养价值极高。鳜鱼肉质细嫩，极易消化，富含抗氧化成分，对儿童及体弱、脾胃消化功能不佳的人来说，吃鳜鱼既能补虚，又不必担心消化困难。

注意事项

鳜鱼肉质细嫩，为了保存营养，尽量选择清蒸的方式烹调。

鳝鱼

热量：89 千卡 /100 克

每日适用量：50 ~ 100 克

营养分析 鳝鱼含有大量的维生素 A，维生素 A 可以增进视力，促进新陈代谢，对儿童的视力保护大有裨益。

注意事项

鳝鱼最好现杀现烹，鳝鱼死后会产生组胺，食用易引发中毒。

三文鱼

热量：139 千卡 /100 克

每日适用量：50 ~ 100 克

营养分析 三文鱼有补虚劳、健脾胃、暖胃和中的功能，其肉中含有丰富的不饱和脂肪酸，如 ω-3 脂肪酸，是儿童脑部、神经系统及视网膜发育必不可少的物质，有助于促进儿童智力发育，提高记忆力，改善视力等。三文鱼中的蛋白质为优质蛋白，富含人体必需氨基酸。

注意事项

儿童应避免吃生鲜三文鱼，一定要烹调熟透，杀灭细菌和寄生虫。

鱿鱼

热量：313 千卡 /100 克（干品）

每日适用量：50 ~ 100 克

营养分析 鱿鱼是典型的高蛋白、低脂肪食物，富含蛋白质、钙、磷、铁、钾、硒、碘、锰、铜等元素。儿童常吃些鱿鱼，有利于骨骼的生长发育和完善造血系统功能，预防缺钙和缺铁性贫血。鱿鱼还含有大量的牛磺酸，可调节血液中胆固醇的含量，缓解疲劳，恢复视力。

注意事项

鱿鱼性温热，属于发物，患发热、荨麻疹、湿疹、哮喘等疾病的儿童应慎食。

虾

热量：87 千卡 /100 克

每日适用量：50 ~ 100 克

营养分析 虾可温补脾胃，扶补阳气，改善食欲，且肉质松软，易消化，营养丰富，含有优质蛋白质及多种维生素、无机盐。儿童经常吃虾，可促进大脑和神经系统发育，提高智力和学习能力，还有助于补充钙质，促进骨骼生长发育。虾中含有丰富的镁，可以调节心脏活动、促进血液循环、保护儿童的心血管系统。

注意事项

虾的头和肠中有害物质较多，应处理干净再烹调。

蛤蜊

热量：62 千卡 /100 克

每日适用量：30 ~ 100 克

营养分析

蛤蜊有滋阴润燥、软坚化痰的作用，而且营养比较全面，含多种人体必需和非必需氨基酸、脂肪、铁、钙、磷、碘等，有低热量、高蛋白、少脂肪的特点，很适合夏秋季节给孩子食用。

注意事项

蛤蜊有调节血液中胆固醇含量、促进脂肪代谢的功效，所以单纯性肥胖的儿童常吃些蛤蜊，有助于调节代谢。但蛤蜊性寒凉，脾胃虚寒、腹泻的儿童不宜食用。

扇贝

热量：60 千卡 /100 克

每日适用量：50 ~ 150 克

营养分析

扇贝富含蛋白质、钙、锌、硒等营养物质，且脂肪含量非常低，常吃扇贝可健脑明目，预防近视的发生和发展，还可促进胃肠蠕动，预防消化不良和儿童便秘。扇贝中的多糖和维生素 E 有很好的抗氧化作用，能够预防自由基对细胞的伤害。

注意事项

扇贝高蛋白且低脂肪，富含锌和硒，对儿童的生长发育比较有利。但扇贝性寒凉，脾胃虚寒、腹泻的儿童不宜食用。

海带

热量：12 千卡 /100 克

每日适用量：50 ~ 100 克

营养分析 海带含有丰富的粗蛋白、岩藻多糖、膳食纤维、钙、铁、碘、胡萝卜素、维生素 B_1、维生素 B_2、烟酸等营养元素。儿童常吃海带，有助于促进智力发育，对骨骼和牙齿的生长和坚固也具有重要意义，还能增强机体免疫力，促进胃肠蠕动、预防便秘等。

注意事项

海带性偏寒凉，脾胃虚弱、腹泻的儿童不宜多吃。

紫菜

热量：207 千卡 /100 克（干品）

每日适用量：20 ~ 30 克

营养分析 紫菜有清热利水、补肾养心的作用。其富含蛋白质、维生素A、维生素C、维生素B_1、维生素B_2、碘、钙、铁、磷、锌、锰、铜等。紫菜中的多糖具有明显增强细胞免疫和体液免疫功能，可促进淋巴细胞转化，提高机体的免疫力，对儿童改善体质、预防传染病有很大益处。

注意事项

紫菜性偏寒凉，脾胃虚弱、腹泻的儿童不宜多吃。

PART 05

孩子常出现的问题

发 热

怎样判断孩子是否发热

发热是小儿最常见的症状，尤其是在儿童时期。引起孩子发热的原因最常见的是呼吸道感染，如上呼吸道感染、急性喉炎、支气管炎、肺炎等；也可以是因为小儿消化道感染，如肠炎、细菌性痢疾等；其他如尿路感染、中枢神经系统感染；麻疹、水痘、幼儿急疹、猩红热等也可以导致发热。

发热是指体温在 39.1 ~ 41℃。发热时间超过两周为长期发热。小儿正常体温常以肛温 36.5 ~ 37.5℃、腋温 36 ~ 37℃衡量。若腋温超过 37.4℃，且一日间体温波动超过 1℃，可认为被测者发热。低热是指腋温为 37.5℃ ~ 38℃，中热 38.1 ~ 39℃，高热 39.1 ~ 41℃，超高热则为 41℃以上。

选择合适的降温方法

○体温 38.5℃以下，先物理降温

发热是人体的自我保护机制之一，对于大多数 3 个月以上的孩子而言，发热本身并不危险。作为家长，需要做的是定时测量孩子体温，并详细记录，同时细心观察孩子的身体反应，做好退热护理。如果孩子腋下温度在 38.5℃以下，表现出来的精神状态良好，进食、活动也没有受到很大的影响，没有必要使用药物退热，可以先为孩子物理降温。温水擦浴、温湿敷是常

用的物理降温方法。

①温水擦浴。温水擦浴是利用温水接触皮肤，通过蒸发、传导作用增加机体散热，达到降温目的的一种物理退热方式。在给孩子擦浴前，家长可先将室温调至26℃，准备一盆32～34℃的温水。将冰袋置于孩子头部，以防擦浴时表皮血管收缩、头部充血；热水袋置于足底，避免患儿寒战及不适。

做好上述准备工作后，解开孩子的衣物，将小毛巾浸湿后拧至半干，缠于手上，以离心方向分别拍拭孩子的上肢、下肢、背部。每侧肢体或背部的擦浴时间3分钟，全过程不超过20分钟。擦拭过程中，禁止擦胸前区、腹部、后颈、足心。擦拭后，用浴巾擦干孩子皮肤，撤去热水袋，协助患儿取舒适体位。半小时后，为患儿复测体温，若体温降至38.5℃以下，取下头部冰袋。

②温湿敷。温湿敷指的是用温热毛巾敷于身体部分部位（通常是额头），致皮肤血管扩张，利于体内热量散出的一种物理退热方式。具体操作为：准备好30℃左右的温水，将毛巾打湿，拧至半湿后叠好，放在孩子的额头上，隔10～15分钟换一次毛巾。

不要给孩子用酒精擦浴。因为酒精在蒸发过程中会带走皮肤表面的热量，使皮肤收缩出现寒战反应，更不利于体内热量散发。而且孩子的皮肤很娇嫩，酒精刺激可能造成皮肤过敏，甚至发生酒精中毒。

○体温38.5℃以上，需用退热药或就医

如果经过物理降温，孩子体温仍然无法降低，或体温连续3天超过38.5℃，则需要使用退热药。常用的退热药是泰诺林或美林，但都应在医生的指导下使用，家长切不可自行用药。

退热药的起效需要一个过程，一般在 0.5 ～ 2 小时。服药后要注意观察患儿的体温和表现，不要贸然加药或换药，以免引起药物过量。很多人为了快速降温，不到间隔时间马上又服同种药，或者同时服用多种退热药，这样做容易造成退热药蓄积，损伤肝肾。

当体温降到 38.5℃以下时，机体的免疫保护机制得到恢复，可通过物理降温措施调节。此时可以停药，以减少药物对孩子身体的损伤。

如果用药三次无效，请及时就医。如果不能明确引起孩子发热的原因，也应及时就医，以免延误治疗时机。

孩子发热时该怎么吃

孩子发热时饮食应以流质食物为主，如奶类、米糊、少油的荤汤等。孩子体温下降、食欲好转时，可改为半流质，如蛋花粥、肉末菜粥、面条或软饭，并配一些易消化的菜肴，如清蒸鱼等。饮食以清淡、易消化为原则，少量多餐。发热的时候最好给孩子喝大量的温开水，以帮助孩子减轻发热的症状。

◯这些食物可喂食

流质或半流质食物，如牛奶、豆浆、粥、汤、汤面等，可每隔 2 ～ 3 小时给患儿喂食。

富含维生素并有利于降热的蔬菜和水果，如白菜、番茄、萝卜、绿豆、茄子、黄瓜、冬瓜、莲藕等。

有利于治疗发热的食物，如乌鸡、燕窝等。这些食物可以通过适当的烹饪方法，做给孩子吃。

◯这些食物要忌食

海鲜、过咸或油腻的菜肴。这类食物可能会引起过敏或刺激呼吸道，加重症状。

高蛋白的食物，如鸡蛋等。许多妈妈都觉得鸡蛋是补品，富有营养，孩子生病了，妈妈为了给孩子补充营养，总会给孩子吃鸡蛋。但是孩子发热的时候是不适宜吃鸡蛋的，因为鸡蛋的蛋白质含量高，发热的孩子吃了鸡蛋，机体内的热量会大大增加，这样反而不利于孩子散热。

辅助调养餐

❶ 牛蒡粥

粳米 50 克，牛蒡子 10 克，冰糖适量。将牛蒡子洗净，水煎取汁弃渣。药汁倒入锅中，加粳米，兑水，以常法煮成粥，加冰糖调味。牛蒡子可疏散风热、清热解毒、透疹、宣肺、利咽、消肿，对发热有一定的辅助治疗效果。

❷ 百合绿豆粥

百合 10 克，绿豆 20 克，薏米 30 克，冰糖适量。薏米、绿豆洗净，清水浸泡；百合洗净掰开。三种材料共煮成粥，待粥熟加适量冰糖即可。此粥具有清热解毒、消肿散结、健脾利湿、润肺安神等功效。

厌食

厌食是小儿的常见病之一，是指在较长时间内食欲减退或完全无食欲。厌食的发生无明显的季节性，长期厌食会影响孩子的生长发育、营养状态和智力发展。一般情况下，厌食患儿除了食欲匮乏外，还有可能伴有嗳气、恶心、腹胀、腹痛等症状，严重者还会出现营养不良、贫血、佝偻病及免疫力低下，少数患儿也会表现出精神状态欠佳、脾气烦躁等症状。

预防措施

创造愉快的进餐氛围。给孩子安排一个固定的地方进食，让孩子注意力集中，自己吃饭，家长不要强迫孩子过量进食。

注意孩子的情绪变化。家长不要在吃饭时训斥孩子，以免不良情绪影响孩子的食欲，从而导致厌食。

让孩子适当参加户外活动。多让孩子呼吸新鲜空气，晒太阳，增加活动量，以增进食欲，提高消化能力和抗病能力。

饮食应该注意什么

合理喂养。6 个月以内的婴儿尽量坚持纯母乳喂养，母乳喂养的宝宝很少有厌食的症状。按顺序合理添加辅食，不要操之过急。

多种食物搭配。家长要遵循营养均衡的膳食原则，按照荤素搭配、米面搭配、颜色搭配的方法，常变口味，增加新鲜感，刺激孩子的食欲。

孩子的日常饮食要有所节制，不要让孩子吃过多的零食，尤其是在饭前不吃糖果、巧克力、糕饼等，以免影响孩子的食欲。

不强迫进食。不要强迫孩子进食其强烈抵触的食物，否则会加剧孩子的逆反心理。可以暂停进食，让孩子因为饥饿而引起食欲更有效。

对症食疗。家长可以给孩子适当多吃一些健脾养胃的食物，如山楂、鸡内金、山药、萝卜等，既能促进消化，还能强健孩子脾胃，增加食欲。

辅助调养餐

❶ 猪肚粥

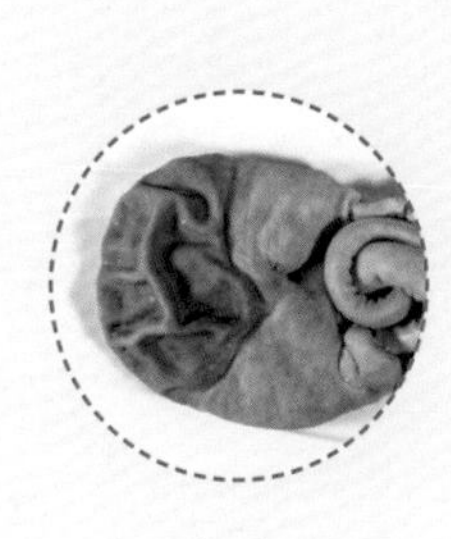

猪肚100克，粳米100克。猪肚反复洗刷干净，沸水汆烫至熟，晾凉后切丁。粳米加适量水煮粥，米粒熟软后放入猪肚丁，同煮至粥成。猪肚含丰富的无机盐和维生素，可健脾和胃、补益虚损，适合脾胃功能弱、消化不良、食欲匮乏的儿童。

❷ 萝卜炖排骨

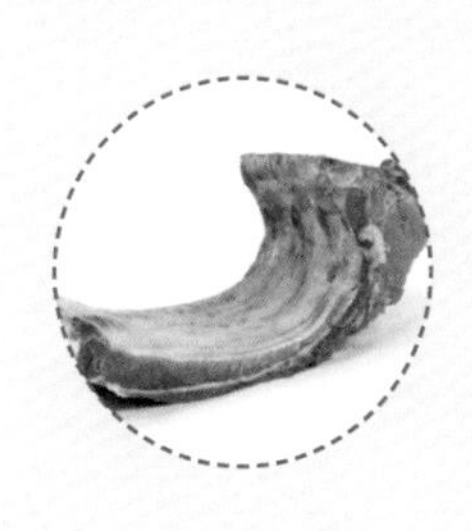

白萝卜500克，猪排骨250克，葱段、姜片、盐各适量。排骨斩块，汆烫冲净沥干；白萝卜切块。将排骨块和葱段、姜片添适量清水，煮至肉骨脱离，拣出葱姜，放入白萝卜块、盐，炖至萝卜熟透即可。白萝卜可宽中下气、消食化痰，猪排骨能补益脾胃，可改善食欲，辅助治疗小儿厌食。

出汗多

汗症指汗液外泄失常的一种病症。宝宝经常安静坐着而无故出汗，运动则加重者为“自汗”；睡则出汗、醒来即止称为“盗汗”。应排除因天气炎热、衣着过厚、饮食过急和剧烈活动的正常出汗。出汗部位不局限于头部和手脚，自颈部至肚脐、后背都有汗。全身多汗常因肺气不足、外感风邪，半身多汗可能为神经系统损伤或占位性病变。

汗多的孩子日常护理要精心

衣被不宜过厚。给孩子穿盖得过多，易导致孩子大量出汗，也不利于增强免疫力。因此，家长不要盲目给孩子多穿多盖，给孩子的衣被也宜选择透气性、吸水性好的棉质材料。

异常多汗及时就诊。如果孩子在安静状态下经常出汗，或者有其他并发症状，则有可能是疾病导致的多汗，应及时去医院就诊，以查明病因，进行针对性治疗。

及时清洁身体。过多的汗液积聚，容易导致患儿皮肤溃烂并引发皮肤感染。家长应该给多汗的孩子勤擦浴或洗澡，及时更换衣物，保持皮肤清洁，并随时用软布擦身，或外用扑粉，以保持皮肤干燥。

身上有汗时，应避免直接吹风，以免受凉感冒。

妈妈可以帮孩子按耳穴缓解盗汗，选肺、脾、皮质下等耳穴，按摩至出现热胀感为止，每穴按 60 下，10 天为一疗程。

饮食应该注意什么

多吃一些养阴生津的食物，如各种杂粮和豆制品，牛奶、鸡蛋、瘦肉、鱼肉等，水果、蔬菜也应多吃，特别是要多吃苹果、甘蔗、香蕉、葡萄、山楂、西瓜等含维生素多的水果。

出汗严重的孩子，由于体内水分流失过多，容易引起脱水。家长应多给孩子喝温的淡盐水，以补充流失的水分，并维持体内电解质平衡。

不宜给孩子食用辛辣刺激性的食物，这类食物容易上火，对阴虚多汗的孩子不利；也不宜给孩子食用煎、炸、烤制等不易消化的食品。

辅助调养餐

❶ 黄芪羊肉汤

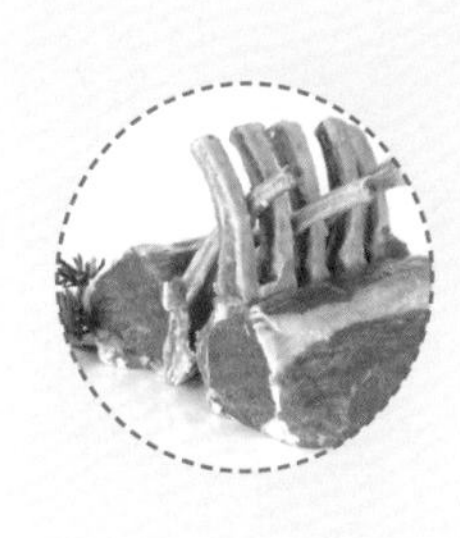

羊肉 100 克，黄芪 15 克，桂圆肉 10 克，淮山药 15 克，葱段、姜片、料酒、盐各适量。将羊肉、葱段、姜片、料酒同煮熟，捞出冷水浸泡去除膻味。砂锅添适量水煮沸，放入羊肉和三味药同煮至羊肉熟烂，以盐调味即可。这道菜可健脾补气、养心安神，适用于自汗怕风、食欲差的儿童。

❷ 黑豆核桃粉

核桃仁 30 克，去心莲子 30 克，黑豆 15 克，淮山药 15 克。将四种材料同煮成粥，或者打成细粉，煮成糊食用，可健脾养肝、滋阴养肾，适用于夜间盗汗、睡眠不安稳、多梦、面部发红、嘴唇红、下午手足心发热、易怒、便秘的儿童。

呕 吐

呕吐是指胃内或小肠内容物，通过食管逆流出口腔的一种反射动作，既可以是独立的症状，也可以是原发病的伴随症状。患儿在呕吐前常会出现面色苍白、上腹部不适、厌食等症状，根据病因不同，具体的症状表现也不同。例如，急性胃肠炎或消化不良引起的呕吐表现为呕吐物酸臭，伴有腹痛、腹泻等；若是颅脑疾病，则会表现为频繁喷射状呕吐、头痛、烦躁等。

引起小儿呕吐的原因有很多，如喂养或进食不当，给孩子喂食过多，或者孩子进食过量生冷、油腻以及不洁食物等，都有可能引起小儿呕吐。当孩子感染消化道疾病，如肠炎、胃炎时，由于消化道内的局部刺激而引起反射性呕吐，还可能会同时出现腹痛、恶心等症状。同时，孩子患有脑炎、脑膜炎等疾病时，会发生中枢性呕吐。此外，有毒物质对胃肠道局部造成刺激时，也会引起呕吐。

呕吐患儿的家庭护理措施

尽量卧床休息。不要经常变动体位或剧烈活动，否则很容易再次引起呕吐。呕吐时要让孩子坐起来，把头转向一边，以免呕吐物呛入气管。

不能大量饮水。孩子呕吐后可以用少量水漱口，如果孩子强烈要求喝水，家长可以让其少量多次地饮水。

忌乱用止吐药。不要给孩子吃含有水杨酸的药物，否则容易使孩子患瑞氏综合征。

饮食应该注意什么

孩子呕吐期间，胃肠被搅乱，难以消化食物，如果孩子不想吃东西，可暂时禁食，让孩子的肠胃稍作休息。

喂食的时候，宜给孩子吃一些消食化滞、养阴生津的食物，如山楂、乌梅、小米、麦粉及大豆、豇豆等杂粮制品；富含蛋白质的食物，如牛奶、鸡蛋、瘦肉和鱼肉等；富含各种维生素的水果，如苹果、甘蔗、香蕉、葡萄、山楂、乌梅、西瓜等。

不宜吃生冷、冰镇、油腻、黏性强以及煎、炸、烤、熏等不易消化的食物。如果饭前饭后喝冷饮，很容易使胃肠道受冷刺激，导致腹痛等现象，再次引起呕吐。

辅助调养餐

❶ 胡萝卜热汁

胡萝卜 1 个。将胡萝卜洗净，切成碎块，捣烂，榨汁，隔水炖熟。每次 15 毫升，每日数次。可顺气消食，防治呕吐。

❷ 止吐姜汤

姜 3 片，陈皮 5 克，冰糖少许。将陈皮和姜片放入小锅内，加适量水，煮 5 分钟，倒入杯中，放入冰糖即可。生姜有止吐作用，能够有效防治连续呕吐的症状。

反复感冒

小儿感冒通常是指小儿上呼吸道的急性感染，多以病毒为主，主要症状有鼻子堵塞、流鼻涕、咳嗽、嗓子疼、发热、疲倦等。此病全年均可发生，气温骤变及冬春时节的发病率较高。任何年龄的儿童皆可发病，婴幼儿及学龄儿童较为常见，潜伏期一般为2～3天，病程可持续7～8天。

反复感冒是免疫力差吗

孩子容易患感冒，首先与他们机体的生理、解剖特点及免疫系统发育不成熟有关。孩子的鼻腔狭窄，黏膜柔嫩，黏膜腺分泌不足，较干燥，对外界环境的适应和抵抗能力较差，容易发生炎症。早产儿、有先天性缺陷或疾病的孩子，比如心肺功能不全，特别是患有先天免疫性疾病时，护理稍有失误就可能发生感冒。

家长的喂养和护理方式直接关系着孩子的健康状况。由于孩子生长发育快，那些因缺少母乳而采取人工喂养的孩子，以及过于娇惯、偏食、厌食的孩子，容易出现营养不良或不均衡，可能引起不同程度的缺铁、缺钙、缺乏维生素及蛋白质摄入不足。铁、锌和蛋白质等营养成分对免疫系统的各种球蛋白的合成以及促进免疫细胞成熟、分化均起着重要作用，影响孩子机体的抗病能力；身体缺乏维生素A，造成呼吸道上皮细胞纤毛减少、消失，腺体失去正常功能，溶菌酶和分泌的免疫抗体明显减少，屏障功能减退，会导致感染发生；维生素D缺乏可致小儿佝偻病，导致免疫力低下，

易受病毒、细菌感染；低钙可导致呼吸道上皮细胞纤毛运动减弱，使呼吸道分泌物不易排出。

另外，很多家长习惯给孩子多穿衣服，认为穿得多才不至于受凉。但事实上，孩子新陈代谢快，如果穿得过多，孩子身体里的热量无法及时发散出去，容易出汗、长热疹，孩子出汗后如果遇到冷风，更有可能感冒。

孩子容易感冒，与周围环境不良也有直接的关系。有的家庭居室条件较差，阴暗潮湿；有的室内温度过高或太低；有的家庭喜欢终日将门窗紧闭，空气不流通；有的家庭成员嗜好吸烟，烟尘污染严重。环境不良、空气混浊，对呼吸道危害甚大，是诱发孩子感冒的重要原因。

平常怎么预防反复感冒

喂养要合理化。在添加营养的时候，不要出现营养过剩或不足的情况，这对健康都是有影响的，也不利于疾病恢复。一定要做到合理搭配，蔬菜与水果都要吃，主食不要太单一，这样起到的预防效果更好一些。

居住环境要注意。生活的环境要干净安全，不要让孩子被动吸入烟雾、灰尘等，以免环境污染对孩子的健康造成更大的伤害。

口腔要保持清洁。需要让孩子每天刷两次牙，吃过饭以后及时漱口，以预防咽部感染。

适量运动。不要圈养宝宝，让孩子做温室里的花朵并不是对他们更好的保护，而是要在各种适合他们的运动中，让其锻炼好身体，从而拥有更好的免疫力。

饮食应该注意什么

感冒时饮食宜清淡少油，既满足营养的需要，又能增进食欲，以易消化、少油腻、富含维生素为佳。可供给白米粥、小米粥、小豆粥，配合甜酱菜、包菜、榨菜或豆腐乳等小菜，以清淡、爽口为宜。少吃荤腥食物，特别忌食滋补性食品。

◯这些食物可多吃

母乳。对婴幼儿的喂养最好是母乳喂养，因为母乳不仅是孩子体格和智力发育的最佳食品，还具有防止感冒的功效。

富含维生素 A、维生素 C 的食物。缺乏维生素 A 是易患呼吸道感染疾病的一大诱因，所以孩子感冒了，家长要多给孩子喂食含维生素 A 丰富的食物。富含维生素 A 的食物有胡萝卜、苋菜、菠菜、南瓜、红黄色水果、动物肝脏、奶类等。而富含维生素 C 的食物有各类蔬菜和水果，可以间接地促进抗体合成、增强身体免疫功能。

富含锌的食物。如果人体内的锌元素充足，就可以维持人体正常免疫力，因此补充锌元素很重要。肉类、海产品和家禽含锌最为丰富。此外，各种豆类、硬果类等亦是较好的含锌食品。

富含铁质的食物。体内缺乏铁质，可引起 T 淋巴细胞和 B 淋巴细胞生成受损，免疫功能降低，难以对抗病毒。所以可选择动物血、奶类、蛋类、菠菜、肉类等食品补铁。

有利于防治流感的食物。生姜、葱白、菊花、豆豉、香菜、大蒜等食物可以防治小儿流感，应多给孩子烹饪喂食。

◯这些食物要忌食

荤腥食物、滋补性食品。

辅助调养餐

❶ 鳕鱼鸡蛋粥

大米 15 克，鳕鱼肉 30 克，土豆 20 克，油菜 10 克，鸡蛋黄 1 个，奶油 50 克，鲜高汤 100 毫升。先将大米洗净，加水浸泡后磨成米浆；土豆洗净，去皮，剁碎；鳕鱼肉洗净，蒸熟后剁碎；油菜洗净，沥干水分，剁碎。在煎锅里放奶油，化开后先炒鳕鱼肉碎、土豆碎、油菜碎，再倒入米浆和鲜高汤小火熬煮，最后将蛋黄打散放进去煮熟即可。此粥含维生素 A、维生素 D 等营养元素，对因感冒引起的消化不良有很好的辅助调理作用。

❷ 橘子稀粥

大米 10 克，新鲜橘子 1 个。先将橘子剥皮，入榨汁机中榨汁，稍微加热；大米洗净后，入锅，加 80 毫升温水熬煮。粥熬煮好后，将橘子汁用纱布过滤后倒入粥中，搅拌均匀后，即可喂食。此粥富含蛋白质、维生素 C、维生素 B_1 以及微量元素，能增强体质，提高免疫力，促进新陈代谢。

咳嗽

小儿咳嗽其实是一种防御性反射运动，可以阻止异物吸入，防止支气管分泌物的积聚，清除分泌物，避免呼吸道继发感染。任何病因引起呼吸道急、慢性炎症均可引起咳嗽，如急性上呼吸道感染、鼻炎、鼻窦炎、哮喘、异物吸入等，应辨明病因，对症治疗。对于有痰的儿童，不能贸然使用止咳药，可给予化痰止咳的药物和食物，并观察孩子是否能顺利排痰。其间应注意室内卫生，保持冷暖、干湿度适宜，防止烟尘及其他特殊气味刺激，外出应戴口罩，饮食清淡，忌食辛辣刺激性的食物。

孩子咳嗽，也许只是一种预防机制

当呼吸道受到病菌侵袭或吸入异物、分泌物时，为了排除这些异物，机体会自发地出现咳嗽的症状。呼吸系统表面的黏膜上布满分泌腺和细小绒毛，当呼吸道黏膜受到刺激，分泌腺会相应增加分泌物，连带着呼吸道黏膜上的绒毛加速摆动，使分泌物排出肺部。在绒毛摆动的过程中，呼吸加速，气流快速喷出，咳嗽就产生了。

由此可见，咳嗽是人体的一种防御机制，具有消除呼吸道刺激因子、抵御感染的作用。如果强行压制咳嗽，气管内的异物排不出来，反而会诱发更严重的疾病。当孩子咳嗽时，家长不要惊慌，如果只是偶尔咳嗽，无其他异常情况，则不需做特别的处理。

孩子哪种咳嗽，家长可自行解决

下面这些咳嗽情况，父母可以自己解决：

· 暂时性的、轻微的咳嗽，而且很快就好了。

· 虽然孩子咳嗽、发热、流鼻涕，但精神尚好。

· 孩子咳嗽、痰多、轻微喘，但不发热，精神好，食欲和睡眠几乎没有受到影响。

· 紧张或运动后的轻微咳嗽。

· 突然外出，吸入冷空气或灰尘、烟雾等引发的咳嗽。

为什么孩子只在清晨和夜间咳嗽

孩子仅出现清晨和夜间咳嗽，多半与上呼吸道有关，特别是与鼻炎、腺样体肥大相关。夜间平躺睡觉，鼻部或鼻后部腺样体分泌的分泌物会倒流进入咽部，当积存一定量后刺激咽部而出现咳嗽，时间往往是半夜或清晨。白天这些部位的分泌物会逐渐通过流涕或吞咽过程消耗，因此不会出现明显的咳嗽。

出现这些情况，及时将孩子送医

· 持续咳嗽 1 周以上。

· 频繁咳嗽，孩子食欲受到影响。

· 夜间咳嗽，难以入睡。

· 声音嘶哑，脾气变得暴躁。

· 持续发热，特别是月龄小于 3 个月的孩子。

· 月龄小于 3 个月的孩子持续咳嗽了几小时。

· 喉咙好像被什么东西堵住了一样，剧烈咳嗽。

· 呼吸比平时急促很多，甚至出现呼吸困难的状态。

· 嘴唇、脸色或舌头的颜色变暗紫色。

· 由于剧烈咳嗽而呕吐，不能吃、不能喝。

· 咳嗽后喘得厉害。

· 咳嗽出血。

日常防护

如果孩子入睡时咳个不停，可将其头部抬高，咳嗽症状会有所缓解。头部抬高对大部分由感染而引起的咳嗽是有帮助的，因为平躺时，鼻腔内的分泌物很容易流到喉咙下面，引起喉咙瘙痒，致使咳嗽在夜间加剧，而抬高头部可减少鼻分泌物向后引流。家长还要经常调换孩子睡觉姿势，最好是左右侧轮换着睡，有利于呼吸道分泌物的排出。

饮食应注意什么

孩子咳嗽时，一定要多给其提供清淡、营养丰富、含水分多的食物。以新鲜蔬菜为主，适当吃豆制品，可食少量瘦肉或禽、蛋类食品。食物烹调以蒸煮为主。风寒咳嗽的孩子应吃一些温热、化痰止咳的食品；风热咳嗽的孩子内热较大，应吃一些清肺、化痰止咳的食物；内伤咳嗽的孩子则要吃一些调理脾胃、补肾、补肺气的食物。

多给孩子喝热饮。多喝温热的饮品可使咳嗽患儿的黏痰变得稀薄，缓解呼吸道黏膜的紧张状态，促进痰液咳出。因此，最好让咳嗽患儿多喝温开水或温的牛奶、米汤等，也可给患儿喝些鲜果汁，果汁应选刺激性较小的苹果汁和梨汁等，不宜喝橙汁、西柚汁等柑橘类果汁。

忌吃多盐、多糖类食物。太咸易诱发咳嗽或使咳嗽加重，糖果等甜食吃得过多易助热生痰，所以也要少食。

忌吃冷、酸、辣食物。冷、酸、辣食物会刺激咽喉部，使咳嗽加重。

辅助调养餐

❶ 百合雪梨饮

鲜百合 50 克（若是干百合，酌情减量），梨 1 个，冰糖适量。梨去皮、核，切成小块；百合剥开洗净，削去黑边。将百合、梨块放入碗中，加适量冰糖，隔水蒸熟即可。风热咳嗽的患儿痰黏稠、不易咳出，咽痛，舌苔黄，适合食用百合雪梨饮，可清热止咳、化痰。

❷ 南瓜红枣羹

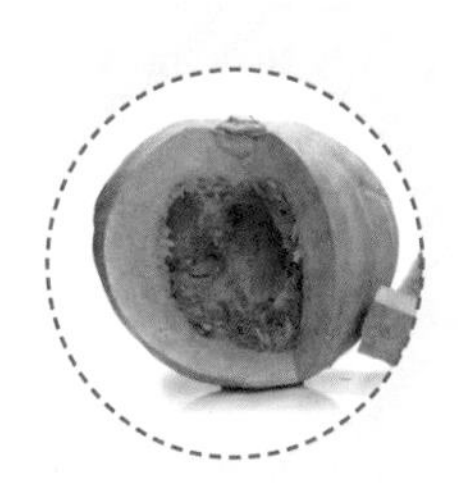

鲜南瓜 300 克，红枣 30 克，红糖适量。南瓜去皮，切大块，同红枣一起上锅蒸熟。红枣去皮、核，同南瓜一起碾压成泥，拌入适量红糖即可。南瓜可润肺益气、化痰消炎，且富含多种维生素，蒸食南瓜维生素损失最少，适合久咳气虚的儿童食用。

腹 泻

小儿腹泻主要表现为大便次数增多、排稀便和水电解质紊乱。以夏秋季节最为多见，夏季腹泻通常是由细菌感染所致，多为黏液便；秋季腹泻多由轮状病毒引起，以稀水样便多见，无腥臭味。通常分为肠道内感染引起的肠炎和肠道外感染、饮食和气候环境影响造成消化不良。腹泻起病可缓可急，需要对症治疗。腹泻时会消耗大量水分、无机盐和维生素，应注意补充水分，防止脱水。

日常防护

无论家长把孩子照顾得多么精心细致，孩子总会经历几次腹泻，而且大部分情况都是需要在家中遵循医嘱服药和护理。所以，家长掌握一些护理腹泻患儿的知识是很有必要的。

○避免交叉感染

因为引发腹泻的原因分为感染性和非感染性，这就要求家长在照护孩子的时候，注意避免发生交叉感染。在医院就诊时尽量不去他人病房，不坐他人床铺，以免病菌侵入孩子体内而加重病情。对孩子的餐具、衣服、玩具等分类消毒，并保持清洁。此外，大多数感染性腹泻都是由于手接触了感染源，所以家长要加强对孩子个人卫生的监督，让孩子做到饭前便后洗手。

◯注意孩子的便后清洁

孩子皮肤娇嫩，尤其是婴幼儿，而腹泻时的大便不同于正常大便，酸性比较强，且大便次数多，如果不及时清洁，孩子的皮肤就会受到刺激，因此，孩子每次大便后，家长都要把孩子整个臀部及外阴部冲洗干净，并用清洁干燥的软毛巾吸干水分，再涂抹上凡士林或其他润肤露。如果是年龄较小的孩子，需换上清洁、柔软的尿布，这样可以有效防止发生臀红以及泌尿系统感染。如果已经形成红屁股，可涂抹鱼肝油。

◯认真观察孩子的病情变化

家长在做好以上护理的时候，还要细心观察孩子的病情变化，尤其是孩子腹泻及呕吐的次数；大便的性状，如大便颜色、有无黏液等；孩子的精神状态，是否烦躁、嗜睡等；小便的频率以及尿量的多少，是否有口干、口渴等脱水现象。如果发现孩子有病情加重的现象，或者孩子大便量多且呈水样便，甚至用肉眼就可以看见大便中的黏液或血丝，应立即送医。

◯不能刻意止泻

很多家长看到孩子腹泻、身体虚弱，出于担心就会给孩子采取止泻措施。其实，腹泻是肠道排泄废物的一种保护性反应，孩子通过腹泻可以排出病原体等有害物质。所以，腹泻并不一定就是坏事。

治疗腹泻的重点是找到引起腹泻的原因再对症下药，并不是单纯止泻，否则容易导致病原体、毒素、代谢物等滞留于肠内。例如，孩子患有细菌性肠炎，其肠道内致病细菌造成肠黏膜损伤，引起脓血便，如果此时盲目止泻，肠道内大量细菌和毒素就会留在体内，有可能引起毒血症或败血症等病症。因此，家长在不知道病因的情况下，不要盲目止泻。

◯注意补水，谨防脱水的发生

一般来说，腹泻不是严重的病症，但在孩子呕吐和腹泻的过程中，因为细胞外液量多于细胞内液的体液特点，会丢失很多细胞外液，比成人更容易发生脱水，如果脱水现象严重，还有可能造成大脑损伤。因此，孩子腹泻后，家长务必要给孩子补充足够的水分。

饮食应该注意什么

腹泻儿要注意补充水分和营养，应给孩子进食无粗纤维、低脂肪的食物，这样可以使孩子的肠道减少蠕动，使营养成分更容易被吸收。总之，食物应以软、烂、温、淡为原则。

◯这些食物可多吃

母乳。母乳喂养的孩子，不必停食或减食，孩子想吃奶就可以喂奶。

容易消化的流质食物，如糖水、米汤、果汁等，能补充水分和能量，可以给孩子喂食。妈妈可以将苹果榨成果汁给孩子食用，苹果果胶能吸附毒素和水分，对腹泻有很好的疗效。

半流质食物。病情好转后，可以给孩子喂食少渣、容易消化的半流质食物，如麦片粥、蒸蛋、面条等。

◯这些食物要忌食

生冷和刺激类食物。生冷瓜果、凉拌菜等生冷类和辣椒、芥末等刺激性食物对肠道有刺激，孩子腹泻时不能吃。

可能导致腹胀的食物。豆类制品、过多的牛奶等都可能会使肠内胀气，会加重腹泻。有些孩子可能会因为不能消化牛奶中的乳糖而导致腹泻，因此，腹泻时可以暂停喂食含乳糖的乳制品，等病好后再慢慢给孩子食用，直到孩子渐渐适应。但酸奶含有乳酸杆菌，能抑制肠内有害细菌，而且不含乳糖，可以食用。

高糖食物。糖果、巧克力、甜点等含糖量较高，会引起发酵而加重胀气，要少吃。

辅助调养餐

❶ 牛肉糯米粥

粳米 50 克，糯米 20 克，牛肉 100 克，洋葱、核桃粉各 20 克，盐适量。粳米、糯米洗净，加水浸泡；洋葱洗净剁碎；牛肉清水煮熟后剁碎。粳米和糯米同煮粥，待米熟时放入洋葱碎、牛肉碎、核桃粉，煮至黏稠，加少许盐调味即可。本品有助于补充热量和蛋白质，舒缓腹泻症状。

❷ 蒸鱼肉豆腐

鸡蛋 1 个，鲜鱼肉、豆腐各 100 克，洋葱、高汤各适量。鲜鱼肉洗净，蒸好后，去除鱼刺；豆腐洗净，汆烫一下切成丁；洋葱洗净，剁碎。鸡蛋打散，加入高汤、鱼肉、豆腐丁和洋葱碎拌匀，最后放入蒸笼里蒸熟即可。本品能提供丰富的蛋白质和维生素，促进患儿消化系统功能的恢复。

便 秘

孩子便秘以后，排出的大便又干又硬，刺激肛门，让孩子感到疼痛，日复一日会使得孩子害怕排便，而且排便时不敢用力，这样使肠道内的粪便更加干燥，排便更难，形成恶性循环。父母要注意观察孩子的排便情况，对便秘及早发现，及早调理。

排便周期长，不一定是便秘

便秘是孩子容易出现的问题，危害较大，会造成孩子腹胀、腹痛、呕吐、厌食、进食困难、精神状态不佳或烦躁，严重的便秘还可引起发育缓慢，甚至停滞等。许多父母不懂得判断孩子是不是便秘，一旦发现孩子一天没大便，就怀疑是便秘。在孩子排便问题上，父母可能觉得要按照一天一次或两天一次的频率才是正常的，一旦排便间隔周期长，父母就会很担忧。

事实上，排便周期长不一定是便秘。对于孩子来说，大便的性状比便次更重要。比如，孩子几天没有大便，可排出的大便仍然成形，不干不硬，颜色正常，孩子也不感到排便困难，并且精神状态、食欲均良好，家长就不需要过于担心。但如果孩子排便间隔周期比较久，排出的大便又干又硬，并且孩子感到排便费劲，那就是便秘了。假如孩子天天排便，可是大便是干硬的球状，而且排出时很困难，那也是便秘。因此，便秘不是以排便间隔时间为判断标准的，而是以大便干结、排便费劲为依据。

名称	症状
排便频率	孩子排便的次数比平时明显减少，尤其是 3 天以上都没有排大便
腹胀	肚子胀并可摸到硬块，有时会感觉肚子疼
动作表现	抗拒去厕所，出现夹脚、坐卧不安、抓住屁股或类似动作时却没排便
食欲	吃得比原来少，没胃口，甚至呕吐
体重情况	体重降低或一段时间内不增加
大便性状	排出的大便干燥、坚硬，像羊粪粒
排便费力	排便要特别用力，小脸憋得通红，并感觉疼痛，甚至会肛裂出血

小儿便秘的原因

导致孩子便秘的原因很多，除了肛裂、先天性巨结肠、结肠冗长症等原因之外，绝大多数孩子的便秘都是饮食出问题导致的，可能是因为积食，也可能是因为饮食结构不合理。但在中医看来，便秘之源都在脾胃。

○胃肠燥热引起孩子便秘

在中医里，热就是火，胃肠燥热说的就是孩子的胃肠里有火了，这与饮食结构不合理关系密切。很多孩子不爱吃蔬菜、水果，就爱吃肉、汉堡、零食等肥甘厚味，而且没有节制。孩子脾胃又弱，吃下去的食物无法及时消化，积在胃里就会腐败，发酵化热，胃火向下传到大肠，肠热会伤及津液，大肠就会吸收粪便中的水分，使粪便干结，难以排出。

○脾胃虚弱引起孩子便秘

中医认为，胃主降浊而脾主升清，食物经过胃腐熟之后，通过胃气的通降，下行至小肠，由小肠负责泌别清浊。清者交由脾，通过脾气的升发，输送到全身各处；浊者则下注大肠或膀胱，通过大小便排出。脾和胃的一升一降，完成了食物从消化道排泄的全过程。

如果父母平时不注意养护孩子的脾胃，孩子一旦脾胃虚弱，就会造成脾胃的升降功能失常，糟粕下传受阻，且大肠缺乏足够的动力将粪便排出体外，消化后的食物残渣、糟粕就会停滞在大肠内，从而导致孩子便秘。

脾胃互为表里，脾虚容易引起胃虚，而胃虚又容易导致脾的运化能力不足，二者出现任意一种，都会导致孩子便秘，所以治疗孩子便秘得脾胃同补。

日常防护

除了调整孩子的饮食结构，恰当的生活护理对预防和改善孩子便秘也很重要。这需要父母在平时生活中给予孩子更多精心的照顾。

○让孩子养成良好的排便习惯

孩子 1 岁半以后，父母要逐渐培养孩子定时排便的良好习惯。可以在孩子三餐结束或喝奶后的 5 ~ 10 分钟，让孩子坐一下马桶，试着排便；要注意室内温度及便盆的舒适度，以免孩子对坐便盆产生抗拒；同时要确保孩子正确地坐在马桶上，要坐直，这样肛管也是直的，有利于大便排出。开始时，父母可以陪伴孩子排便，每次 10 分钟左右，在孩子排便的过程中给予诱导、鼓励，帮助孩子养成良好的排便习惯。

○让孩子养成良好的作息习惯

如果孩子生活没有规律，中午不睡觉，晚上十一二点还在玩耍，长期如此，会引起阴虚阳亢，伤害脾胃，进而导致或加重便秘。所以，父母要让孩子养成良好的作息习惯。和孩子一起制订出一个合理的作息计划，平时遵照执行，让孩子慢慢养成规律的作息。父母也要以身作则，按时休息。

○增加孩子的活动量

孩子便秘以后，父母应当适当增加他的活动量。活动量大，体能消耗增多，胃肠蠕动增加，排便情况也会得到相应的改善。如果孩子年龄小，不能独立行走、爬行，父母要多抱抱他，并适当辅助他做一些手脚伸展、侧翻、滚动的动作，以此增加孩子的活动量。孩子会走会跑以后，父母可以在天气好的时候引导孩子多进行户外活动，如去公园散步、跑步、打球等，加速肠胃对食物的消化。

○慎用开塞露

孩子便秘时，父母不要急着给孩子用开塞露。用开塞露不能解决根本问题，而且容易让孩子产生依赖性，害怕排便产生的疼痛，不用开塞露就不排便，有了便意也憋着，导致粪便在肠道里存留过久，水分被吸收，粪便变得更加干硬，排便更加困难，最终形成恶性循环。

○饮食不要过精过细

随着生活水平的提高，人们在日常生活中鸡、鸭、鱼等荤食吃得越来越多，谷类食物吃得越来越少。许多父母给孩子吃的食物更加精细，每天的主食都是精加工的谷物，因为精白米、精白面制成的食品口感好，吃后容易消化，孩子也更爱吃。

由于饮食过于精细少渣，膳食纤维的摄入量减少，没有足够的食物残渣来刺激肠道蠕动，造成肠道蠕动缓慢、排便不畅，就很容易使孩子形成便秘。因此，不管是从便秘的预防还是调理的角度来说，给孩子的饮食都不要过于精细，要注意给孩子吃些玉米、小米、紫米、燕麦等谷物，还有黄豆、绿豆等各种豆类。另外，在煮米饭的时候，可以增加一些土豆、红薯、山药、玉米等薯类。因为这类粗粮、杂粮经消化后残渣多，可以增加对肠道的刺激，加速大便排出。

当然粗粮和杂粮也不是吃得越多越好，由于粗粮中含有丰富的膳食纤维，而孩子肠胃功能比较弱，食用过多容易导致胃胀、胃酸，也容易造成营养吸收不平衡。一般来说，孩子每天食用的粗粮不宜超过 100 克。

调理好孩子的饮食

给孩子多喝水，保证孩子每顿都有蔬菜、水果吃，也可在孩子两餐中间喂些温水或果汁。

○这些食物可多吃

富含纤维素的蔬菜和水果。最好保证孩子每餐都有蔬菜和水果吃，也可以在孩子两餐之间给孩子喂果汁，以补充纤维素。除了蔬菜和水果，木耳、菇类、燕麦片、海苔、海带、果干等也都含有丰富的纤维素和无机盐，可以选用。

各种有益于治疗便秘的汤水。绿豆薏米汤中的绿豆、薏米富含纤维素，不但可以改善便秘的症状，还有清热退火的功效。红枣具有补中益气的作用，中医认为红枣也有健脾胃的功效，所以孩子便秘时，妈妈不妨试着用红枣熬汤给孩子喝。

富含纤维素的粗粮。对于已经断奶的孩子，鼓励进食粗粮（如红薯）做的食品，有利通便。

○这些食物要忌食

油炸或油腻的食物、柿子、熟苹果、甜南瓜、胡萝卜、白米粥等。这类食物会加重便秘，最好避免给孩子食用。

辅助调养餐

❶ 冰糖香蕉粥

香蕉 3 根，糯米 200 克，冰糖适量。糯米淘洗干净，加去皮切段的香蕉，如常法同煮成粥，粥成后加入适量冰糖。温热时给孩子服食，每日 1 剂。可起到润肠、补虚、治便秘的作用。

❷ 红薯粥

红薯 500 克，大米 200 克，白糖适量。将红薯和大米洗净，同入锅中，加水，如常法煮粥。粥成后加入白糖，温热时给孩子服食，每日 1 剂。可健脾益胃，通大便。

遗 尿

遗尿是指小儿 5 岁后白天或夜间发生不自主排尿的现象。本病多见于男孩，6 ~ 7 岁为发病高峰期。小儿遗尿是多种因素综合作用所致，常见原因为：孩子大脑皮层发育延迟，不能抑制脊髓排尿中枢，在睡眠后不能控制排尿；睡眠过深，未能在入睡后膀胱膨胀时立即醒来；与遗传也有一定的关系，患儿的父母或兄弟姐妹中有较高的遗尿发病率；入睡前喝水过多或没有进行及时的排尿训练都会造成孩子遗尿。

家长需要帮助遗尿儿童养成好的习惯

睡前不饮水。嘱咐孩子在睡前不要喝水，以减少入睡后的尿量。

定点睡觉和叫醒。要求孩子定时睡觉，定时叫醒孩子排尿。绝大多数尿床的孩子首次尿床的时间是在入睡后的最初 3 小时内，家长一般要提前 1 小时唤醒孩子。

练习憋尿。白天在多喝水的情况下，尽量延长两次排尿的间隔时间。当然也不能过度憋尿，那样会损伤膀胱。

保护孩子的自尊心。别在孩子尿床后训斥孩子，更不要在别人面前提起孩子尿床的事情，否则会影响患儿的心理健康，导致自卑、焦虑等。

建立良好的作息制度，养成良好的卫生习惯，掌握其夜间排尿规律，使儿童逐渐形成时间性的条件反射，培养儿童生活自理能力。

遗尿儿童饮食辅助很重要

遗尿的儿童宜多食能温补肾阳的食物，如带鱼、虾、鱼鳔、羊肉、韭菜、胡萝卜、山药、核桃、榴莲等；遗尿患儿的晚饭宜多吃固体食物，少饮汤水。

禁食生冷、寒凉的食物，如螃蟹、薏米、鸭肉、冬瓜、苦瓜、荸荠、丝瓜、竹笋、海带、绿豆、香蕉、菊花、金银花、冰激凌等。

辅助调养餐

❶ 韭菜虾仁炒鸡蛋

韭菜 250 克，鸡蛋 3 个，虾仁 50 克，盐适量。韭菜洗净切段；鸡蛋打成蛋液；虾仁洗净去肠，烫熟。热油中倒入蛋液，待凝固后炒散，倒入韭菜段和虾仁，翻炒熟即可。此菜可温补肾阳、理气开胃，有助于治疗小儿遗尿。

❷ 红烧羊排

羊排 500 克，山药 200 克，胡萝卜 1 根，葱末、姜末、蒜、八角、桂皮、当归、白糖、料酒、生抽、盐各适量。羊排斩块，沸水汆烫冲净；山药、胡萝卜去皮，切滚刀块。热油炒化白糖，放入羊排块翻炒，加生抽、姜末、蒜、料酒翻炒，加适量清水煮沸，放入胡萝卜块、山药块、八角、桂皮和当归，炖 30 分钟，撒葱末，加盐调味即可。此菜可温补肾阳、健脾补气，有助于治疗小儿遗尿。

小儿疳积

疳积是疳症和积滞的总称。疳症是指由于喂养不当，使小儿脾胃受伤，继而影响生长发育的病症，相当于营养障碍的慢性疾病；积滞是由乳食内积、脾胃受损而引起的肠胃疾病，临床以腹泻或便秘、呕吐、腹胀等消化不良症状为常见。患儿舌苔白腻且厚，口气有酸腐味。

小儿疳积是由喂养不当，或者由多种疾病的影响，使脾胃受损而导致的慢性病症。现多由偏食、营养摄入不足、喂养不当、消化吸收不良以及各种慢性疾病所致。

积滞症状：面黄肌瘦、烦躁爱哭、睡眠不安、食欲匮乏或呕吐酸馊乳食，腹部胀实或时有疼痛，小便短黄或如米泔，大便酸臭或溏薄，兼发低热，此为乳食积滞的实证。

疳症症状：身体逐渐消瘦，甚至骨瘦如柴，腹部坚硬胀大、水肿，生长发育迟缓，头发枯槁萎黄，还伴有各个器官功能低下等。

爱吃肉的孩子易积食

也许是偏爱肉的味道，也许是家长觉得肉更有营养，爱吃肉的孩子总比爱吃蔬菜的孩子多很多，有的孩子甚至一口菜也不吃。细心的家长会发现，爱吃肉的孩子很容易积食，还爱上火，有时候晚上睡觉也不安稳，这让家长伤透了脑筋。

孩子的肠胃尚处于发育阶段，消化功能尚未健全，一次进食太多的肉很容易导致营养过剩，食物难以消化，就会产生积食。而且，过多肉类食物的摄入会增加油腻感，减慢胃肠蠕动，食物消化不完全而堆积，也会加重孩子的积食症状，还会造成脾胃损伤。此外，食积化热，再加上孩子本就偏热的体质，就会出现阳盛火旺，也就是家长所说的上火。

积食上火就可能让孩子出现口角起疱、不肯吃饭、咽喉疼痛等状况，虽然看起来不是什么大毛病，但如果积食上火的同时受到外部侵扰，如风寒以及感染各类病毒，就会引发感冒、发热等病症，所以家长要注意孩子的日常饮食，做到均衡营养。

日常防护

很多孩子，尤其是上学的孩子，平时课业繁忙，到了休息的时候总是喜欢宅在家里，看电视，玩电脑。久坐不动，加上窝在沙发里看电视的姿势不当，都会使胃部受到压迫，脾胃的消化功能受到影响，积食自然会找上门来。因此，不要让孩子宅在家里，经常活动是非常有必要的。

对于活泼好动的孩子来说，运动时要做好防护，家长要做好孩子的“保护伞”，保护孩子不要受伤。邀请孩子和自己一起饭后散步或练练亲子瑜伽都是很好的选择，既有乐趣又安全。

饭后散步。带动脏器和肢体运动，消化功能也会得到提升，食物被充分吸收，能有效预防积食，但不要饭后立即活动。散步的同时，家长还可以引导孩子双手重叠放于腹部，正反方向交替摩腹，每天边散步边摩腹 20 分钟左右，孩子的脾胃功能会有很大改善。

亲子瑜伽。孩子在家长的协助下伸展身体，可以起到按摩内脏的作用，有强化消化系统功能、预防积食、消化不良等功效，同时还可以加强孩子的免疫功能。锻炼时要根据孩子身体的实际情况，循序渐进，切不可过量练习。

如果时间允许，还可以去郊外走一走，全新的环境会让孩子有新鲜感，可以调动孩子活动的情绪，不但活动了身体，还能消食、呼吸新鲜空气。比起宅在家里，郊外可以算是孩子的新乐园。

疳积患儿的饮食原则

对疳积患儿，要选择易消化、高热量、高蛋白、低脂肪、足量维生素的食品进行喂养，重点增加维生素 A、B 族维生素、维生素 D 和钙等营养元素的摄入，同时常备促消化药剂，适时服用。病情较重的孩子对食物耐受性差，要以简单、先稀后干、先少后多为原则进行喂养。

○这些食物可多吃

粳米。粳米性平、味甘，有补中益气、健脾养胃的作用，最宜小儿疳积者煮粥食用。

白扁豆。白扁豆性平、味甘，有补脾、健胃、和中、化湿、止泻的作用。最适合无食欲、大便稀，或消化不良、久泻不止的疳积患儿食用。

鸡肝。鸡肝含有丰富的蛋白质、钙、磷、铁、锌、维生素 A、B 族维生素。鸡肝中铁含量丰富，是补血食品中最常用的食物之一。每天取鲜鸡肝 1 ~ 2 个，在沸水中烫 20 分钟，以食盐或含铁酱油蘸食，3 ~ 5 天为一疗程。

鳗鱼。鳗鱼性平、味甘，适宜小儿疳积者服食。

山楂。山楂有消积滞的作用，如果孩子是由于饮食过饱伤及脾胃，导致的食积不化，可以给孩子适当多吃。

○这些食物要忌食

辛辣、炙烤、油炸、炒爆之品。此类食物会助湿生热，同时也不利于消化吸收。

生冷瓜果及性寒滋腻、肥甘黏糯的食物。此类食物会损害脾胃，也难以消化。

辅助调养餐

❶ 糖炒山楂

山楂、红糖各适量。山楂洗净去核。红糖放入锅中，小火炒化，加入山楂炒至山楂熟透，有酸甜味道散发即可。本品有健胃消食、理气散瘀的作用，可促进疳积的儿童消化，减轻腹胀等症状。

❷ 荸荠海蜇

荸荠250克，海蜇100克，盐适量。选个大、饱满的荸荠，洗净去皮、去芽；海蜇洗净泡发。将海蜇和荸荠放入炖锅，加水适量煮熟，用盐调味即可。每日2～3次，每次温热嚼食荸荠3～5个，连用3天。荸荠具有清热解毒、凉血生津、利尿通便、化湿祛痰、消食除胀的功效，海蜇可清热解毒、化痰软坚。

肺 炎

肺炎是指不同病原体及其他因素，如过敏等所引起的肺部炎症，是小儿常见病的一种。婴幼儿由于免疫功能不健全，更易发生肺炎，如果不能及时妥善处理，往往会导致病情严重。小儿肺炎多由急性上呼吸道感染或支气管炎等疾病向下蔓延至肺部引起，通风不良、空气污浊、冷暖失调等均能增加孩子患肺炎的风险。营养不良、佝偻病、先天性心脏病的患儿免疫力低下，易患肺炎。

轻型肺炎多表现为发热、咳嗽、呼吸急促，口周或指甲轻度发绀，精神萎靡，食欲匮乏，轻度呕吐或腹泻等。

演变为重型肺炎后，除以上症状加重外，还可能出现呼吸困难、心率突然增快超过 180 次 / 分、尿少或无尿、意识障碍、惊厥、血压下降、四肢凉等表现。

日常防护

保证充足的休息。让孩子多卧床休息，减少活动，被褥要轻暖，不要穿太多，以患儿感觉舒适为宜，以免引起孩子不安而过多地出汗。

保持呼吸道通畅。及时清除患儿口鼻分泌物，咳嗽时要拍拍孩子的背部，让孩子适当饮水，稀释痰液，促进痰的排出。

密切观察病情。遵照医嘱给孩子按时服药，注意观察孩子的病情变化，一旦加重，尽快带到医院做进一步检查和治疗。

饮食要注意什么

营养均衡。婴儿时期尽量母乳喂养，及时增添辅食。断乳后饮食要注重营养的合理搭配，培养孩子良好的饮食习惯，以增强孩子的免疫力。

鼓励孩子多饮水，湿润呼吸道黏膜，促进痰液排出，同时也可防止发热导致脱水的发生。

对肺炎患儿，应给予高维生素、高蛋白、易消化且有利于宣肺清热的半流质食物。伴有高热的孩子应多饮水，补充适量蛋白质和无机盐，维持体内水盐平衡，加速退热。

辅助调养餐

❶ 百合粥

粳米 80 克，百合 100 克，牛奶、冰糖各适量。百合泡发，洗净，切丁；粳米加适量清水煮粥，待米粒熟软，倒入牛奶和百合，煮至粥成加冰糖即可。此粥具有养阴润肺、清热安神、温补脾胃的功效。

❷ 杏仁桑皮粥

粳米 100 克，桑白皮 15 克，生姜、杏仁各 6 克，红枣 5 个，牛奶适量。杏仁洗净碾碎；红枣洗净撕开去核，同洗净的桑白皮、生姜一同水煎取汁。用药汁同粳米、杏仁碎煮粥，将熟时加入牛奶即可。此粥可宣肺止咳、降气平喘、补益脾胃。

扁桃体炎

扁桃体炎就是咽喉部位的扁桃体感染发炎，属于常见的小儿多发性疾病。急性扁桃体炎的病原体可以通过飞沫、食物或直接接触传播，具有一定的传染性。扁桃体炎多由病毒或细菌感染引起，一旦吸入的病原微生物超出孩子扁桃体的防御能力，就会出现炎症反应，诱发扁桃体炎。有些原发性免疫缺陷、营养不良的孩子，因为身体免疫力低下，只要稍微受到病原微生物的侵袭，就容易诱发扁桃体炎。

孩子患扁桃体炎后，往往出现咽痛、低热或高热，伴有畏寒、寒战、呕吐、食欲匮乏、吞咽困难、全身乏力、便秘、腰背及四肢疼痛等症状。检查时可发现扁桃体红肿发炎，严重时甚至会有脓点或脓苔。

日常防护

防止感染。室内保持空气流通，尽量不带孩子到空气污浊的地方；在感冒多发季节，早晚给孩子用淡盐水漱口，防止孩子感冒引发扁桃体炎。

及时就医。当孩子出现突发高热、咽喉疼痛、食欲匮乏、全身乏力等症状时，要及时带孩子到医院就诊。

充分休息。孩子发病时应卧床休息，减少体力活动，保持休息环境的空气清新、光线充足、温度和湿度适宜。

密切观察病情变化。密切监测孩子病情变化，采取相应的护理措施。

饮食注意

日常饮食注重合理搭配，保证孩子营养摄入均衡，以增强免疫力。

孩子患了扁桃体炎后，吞咽时往往疼痛难忍，应多吃一些清淡易消化的流质食物，如稀粥、蛋羹、菜汤等，忌吃干硬、辛辣、煎炸等刺激性食物。

多吃一些富含维生素的新鲜蔬菜及水果，如番茄、胡萝卜、梨子等，对扁桃体炎具有很好的辅助治疗功效。

扁桃体炎常伴有发热、出汗的症状，要让孩子多喝温水，以补充流失的水分。可适当喝一些酸味果汁，如猕猴桃汁、鲜橙汁等，增进孩子食欲。

辅助调养餐

❶ 野菊甘草汤

野菊花、生甘草各 5 克，分别洗净，加适量水煎服，每日 1 剂，分 2 次服用。甘草与野菊花搭配使用，消肿止痛的效果更强。

❷ 番茄炒豆腐

番茄 1 个，豆腐 200 克，葱花、高汤、生抽、盐各适量。番茄用沸水稍烫，去皮，切小块；豆腐洗净切小块。锅内放少许底油，爆香葱花，放入番茄块翻炒，放入豆腐块、少许高汤，加生抽、盐调味即可。此菜富含蛋白质，且易于吞咽，适合食欲匮乏、吞咽困难的扁桃体炎患儿。

腹 痛

小儿腹痛指的是肚子部位出现的阵痛，或者持续疼痛的症状，一般是因为炎症导致的，常见的有直肠炎、肠胃炎等。腹痛的同时会出现腹泻的症状，疼痛一般会维持 20 分钟左右的时间。炎症较轻的通过饮用热水的方式就能逐渐缓解，而炎症严重的需要通过服药的方式腹痛才会消失。

引起小儿腹痛的常见原因有哪些

小儿腹痛的原因有很多，家长在判断不清的情况下不要犹豫，尽快送医，这样可以为可能急需治疗的腹痛争取治疗时间。

○胀气

小孩出现胀气导致的腹痛属于常见的消化系统问题，而孩子的消化系统还未发育成熟，因此，更容易出现胀气。胀气的不适感也是“痛”的一种，小孩不知道如何表达这种感受。年龄大一些的孩子会喊肚子疼，而婴儿只会哭闹。孩子出现胀气腹痛时的表现多为腹部膨胀，双手下意识握紧，两腿和腹部蜷曲。因为胀气导致的腹痛在排气后会得到缓解，这也可以最直接判断孩子腹痛是否是因为胀气。

处理方法：当婴儿期的宝宝出现胀气，家长发现孩子异样后可以把宝宝竖着抱起来，将头靠在大人肩膀上，用一定的力度拍抚后背，直到打出嗝后再让宝宝躺下。

胀气导致的肚子疼可以通过适当的腹部按摩来缓解，以肚脐为中心，用手掌进行顺时针按摩，帮助孩子的肠胃蠕动，将气体排出，不过在此过程中要注重肚脐的保暖。必要的情况可以根据医生的指导意见，服用助消化和调节肠胃的药物。

◯急性肠系膜淋巴结炎

急性肠系膜淋巴结炎也是小儿反复发作腹痛的常见原因，和剧烈的疼痛不同，急性肠系膜淋巴结炎会导致小儿隐痛以及痉挛性疼痛，具有周期性和反复性，在两次阵痛中间会有一段缓和期。疼痛发生可能在腹部的任何部位，一般在肠系膜淋巴较为丰富的右下腹以及脐周容易感受到痛感。

急性肠系膜淋巴结炎很容易被误认为是阑尾炎，不过二者的不同其实很明显，前者不会出现反跳痛，通过超声检查就可以进行确诊。

这类急性病症多是因为细菌感染，在治疗上以抗炎为主。如果出现反复发作的情况，有必要增强孩子的体质，以提高身体对细菌、病毒的免疫力。

◯阑尾炎

阑尾炎属于更为常见的小儿急腹症。在儿童时期，孩子的身体器官还比较娇嫩，这时候容易发生急性阑尾炎。

虽然急性阑尾炎比较常见，但导致的危害并不小，严重的会导致穿孔，并发弥漫性腹膜炎，甚至有一定的致死率。

阑尾炎导致的腹痛会持续加重，因此，家长对孩子持续加重的腹痛一定要重视，在发现孩子异样后立即就医。

确诊阑尾炎后，为防止病情恶化及可能导致的穿孔，最好的选择是尽快手术。目前阑尾手术已经相当成熟，家长们也不用担心手术会有太大的不利影响。

需要注意的是，急性阑尾炎还常常伴随着呕吐、发热等症状，腹痛不典型的患儿可能会被误以为是感冒和普通的腹泻。

◯肠套叠

2 岁以内的小儿，尤其是 10 个月之前的婴儿尤为常见。肠套叠的腹痛表现是阵发性的，宝宝会表现为间歇性哭闹。

家长如果发现孩子在一段时间没有异样，但过一段时间又开始间歇性地不安哭闹，常规哄孩子的方法都没有效果，那么可能就和肠蠕动有关，当蠕动波到达套叠部位，疼痛就会发生。这类情况孩子平时不会有异样表现，但一段时间后会哭得厉害，反复发作的表现很明显。哭闹的时候，双腿会有向腹部弯曲的表现。如果腹痛持续一段时间后，可能出现呕吐情况，对腹部按压能感受到肿块，而按压中孩子会哭得更厉害。

肠套叠自动复位的概率很小，因此，家长在发现可能存在肠套叠的情况后尽快送往医院确诊，避免肠管发生缺血、坏死，甚至穿孔。

◯细菌性痢疾

有一类腹痛属于细菌感染型腹痛，多发生在夏秋两季，多由饮食不注意感染细菌所致。常见的细菌性痢疾腹痛会伴随 39℃的高热，腹泻时腹痛阵发，不会有明显腹胀。病情严重者会出现严重脱水、全身乏力等，有呕吐症状者短期要禁食，根据医嘱可以进行静脉注射及对症处理。

饮食应该注意什么

孩子腹痛时饮食要清淡、易消化，油腻、多渣滓的食物尽量少给孩子食用，可以多给孩子喂食富含优质蛋白质的鱼、瘦肉、蛋类等。腹痛时还应注意饮食卫生，不吃生冷食物及隔夜食物。

◯这些食物可多吃

母乳。如果孩子是母乳喂养的，那么应该继续母乳喂养。

有益于调养胃肠的食物，如苹果、石榴皮、山药、莲子、栗子、荔枝、芡实、藕粉等。

◯这些食物要忌食

油炸食物。用炸、爆、煎的方式烹调的食物。

不新鲜食物、生冷食物及隔夜食物。

其他食物，如饭店的快餐。

辅助调养餐

❶ 胡萝卜汁

胡萝卜 250 克。胡萝卜捣汁或水煎，少量多次服用。适用于乳食积滞性腹痛。

❷ 大蒜汁

大蒜适量。每次用大蒜 2 ~ 4 克，用 300 毫升清水煎取汁，每日服 3 次。可治风寒引起的腹痛。

口腔溃疡

小儿口疮是因小儿口腔不卫生、饮食不当或因身体原因造成的舌尖或口腔黏膜产生发炎、溃烂，从而导致小儿进食不畅的疾病。

口疮也称口腔溃疡，是儿童最易患的一种口腔黏膜疾病。多发生在口腔黏膜上，如舌部、颊部等处，大小可从米粒至黄豆大小，呈圆形或卵圆形，溃疡面下凹，周围充血。溃疡具有周期性、复发性等特点。如果给小儿吃过热、过硬的食物，或清洁口腔时用力过大等，都可损伤口腔黏膜而引起发炎、溃烂。小儿患上呼吸道感染、发热及受细菌和病毒感染后，口腔不清洁，黏膜干燥，也可引起口疮。营养不良、慢性腹泻、长期使用抗生素的小儿发病率高。

日常调养应该注意什么

首先家长一定要仔细观察宝宝口腔，找到溃疡的具体位置。如果溃疡在宝宝的口腔两侧，或是在牙齿对应的口腔内壁处，家长需要进一步查明，宝宝在患处附近的牙齿是否有尖锐、不平滑的缺口。如果有，就要将宝宝带到医院处理；如果没有，家长就可以自己在家护理。

在宝宝养病时，家长要多关心宝宝，让宝宝“忙碌”起来，如带他做游戏，陪他看电视之类的，尽量让宝宝不去关注疼痛的地方。

饮食应该注意什么

口腔溃疡期间应选择口味清淡、无刺激性的流食或半流食，避免孩子进食疼痛。宜选择富含优质蛋白质、B 族维生素、维生素 C 的食物，如动物肝脏、瘦肉、鱼类、鸡蛋、西瓜、香蕉、芹菜、南瓜、番茄等。可将食物烹熟后，用搅拌机打碎成流质再给孩子吃。

禁食坚硬、不易咀嚼吞咽的食物，如锅巴、果仁等；禁食辛辣刺激性食物，如辣椒、生葱等；禁食燥热食物，如羊肉、榴莲、桂圆等。

辅助调养餐

❶ 薏米绿豆汤

薏米 60 克，绿豆 60 克，甘草 6 克。将薏米、绿豆洗净，清水浸泡，然后同洗净的甘草加适量清水，煮熟，捞去甘草即可饮用。可清热解毒，促进溃疡的愈合。

❷ 番茄瓜皮汁

番茄 1 个，西瓜皮 200 克，糖适量。番茄用沸水稍烫后剥皮，切块；西瓜皮去净外皮和红肉，留西瓜翠衣，切块。将番茄和西瓜翠衣放入搅拌机，添适量水和糖，搅打均匀即可。西瓜翠衣可以清热解暑，治疗口疮和咽喉肿痛。

手足口病

手足口病是由肠道病毒引起的儿童期急性传染病，常见于 5 岁以下儿童，成人也可感染，但一般症状较轻，或为无症状的隐性感染。该病夏秋季节高发。引起手足口病的肠道病毒主要为柯萨奇病毒 A16 型和肠道病毒 71 型（EV71），重症病例多由 EV71 感染引起。患者和隐性感染者均为传染源，传播途径主要为消化道、呼吸道及密切接触传播。

手足口病主要表现为口腔黏膜疱疹或溃疡及手、足、臀等部位出疹。一般先出现斑丘疹，后转为疱疹，可伴有咳嗽、头痛、流涕、食欲匮乏等症状，约半数患儿在皮疹早期会出现低热。患有手足口病的孩子绝大部分可以在 1 周内自愈，也有少部分发展为重症，在发病后 1 ~ 4 天出现中枢神经系统受累、心肌炎等并发症，如果不及早诊断和救治，就有可能危及生命。

日常防护要做好

○ 做好口腔、皮肤护理

进食前后用温盐水漱口；皮疹多数能不用药而自愈，如果疹子持续不退或更严重时，可遵医嘱给孩子涂药；保持孩子衣被清洁，出现汗湿及时更换；剪短孩子指甲，以免抓破皮疹。

○ 做好消毒

孩子用过的玩具、餐具、衣被等用品应用无毒、无残留的消毒液浸泡及煮沸消毒，或置于日光下暴晒；居室应定期开窗通风，保持空气新鲜。

◯ 密切观察病情

根据发热程度及时采取降温措施，如果出现烦躁不安、嗜睡、肢体抖动、呼吸及心率增快等症状，应立即送医治疗。

饮食应该注意什么

如果孩子在夏季得病，容易造成脱水和电解质紊乱，需要给孩子适当补水（以温水为主）和补充营养，要让孩子充分休息。孩子在患病期间可能会因发热、口腔疱疹、胃口较差而不愿进食，这时要给孩子吃清淡、温性、可口、易消化、柔软的流质或半流质食物，切不可让孩子吃辛辣或过咸等刺激性食物，也不要让孩子吃鱼、虾、蟹等水产品，这类食物可能会使孩子的病情加重。

辅助调养餐

❶ 时令鲜藕粥

鲜藕 1 段，粳米 100 克，红糖适量。鲜藕洗净去皮，切薄片，同粳米放入锅内，添适量清水煮成粥，放入红糖拌匀即可。莲藕可滋阴、清热凉血，有助于手足口病患儿退热及疱疹的消退。

❷ 番茄胡萝卜汁

番茄 1 个，胡萝卜 1 根。将番茄和胡萝卜洗净去皮，切成小块，放入榨汁机中，加适量水，打成汁。番茄胡萝卜汁中富含多种维生素和无机盐，有助于提高患儿免疫力，增强抗病毒能力。

小儿湿疹

小儿湿疹是由多种复杂的因素引起的一种具有多形性皮损和易有渗出倾向的皮肤炎症性反应。本病病因复杂，多难以确定，常见原因是对食物、吸入物或接触物不耐受或过敏。患儿起初皮肤发红，出现皮疹，继而皮肤粗糙、脱屑，有明显瘙痒，遇热、遇湿都可使湿疹表现加重。家长应注意湿疹患儿的衣物和被褥清洁，尽量使用棉质品，衣着宽松通风；洗浴用品应温和、不刺激皮肤，用温水洗澡；避免接触过敏原。

饮食应该注意什么

中医认为湿疹是风热湿邪侵犯身体所致，饮食应选择清淡、易消化、有清热利湿效果的食物，如豆腐、绿豆、莲藕、木耳、冬瓜、丝瓜、芹菜、白菜、马齿苋等。

湿疹患儿往往因皮肤瘙痒而食欲匮乏，可多吃水果，补充维生素，调节生理功能，减轻皮肤瘙痒症状。

湿疹患儿应禁食辛辣刺激性食物，如辣椒、生葱、生蒜、胡椒、咖喱等；禁食易引发过敏的食物，如虾、蟹、鸡蛋清等；禁食燥热食物，如羊肉、韭菜、榴莲等；少食油炸、烧烤等助痰生湿的食物；少食膨化食品、方便面等含大量食品添加剂的食物，这些食物易加重过敏反应。

适宜小儿湿疹的食材

赤小豆：赤小豆有利水消肿、解毒排脓、清热去湿、健脾止泻的功效，湿疹患儿食后有利于身体康复，故无论急、慢性皮肤湿疹患儿均宜多食、常吃。

丝瓜：丝瓜有清暑凉血、解毒通便、祛风化痰、通经络、行血脉等功效，经常食用丝瓜，还能起到去湿热、解湿毒的作用。

辅助调养餐

❶ 赤小豆粥

粳米 50 克，赤小豆 15 克，陈皮 5 克，白糖适量。陈皮洗净，温水泡软切丝；赤小豆洗净，清水浸泡数小时；粳米洗净。将赤小豆入锅，添适量水，煮至熟软后加入粳米和陈皮丝，同煮成粥。待粥熟，放入适量白糖搅匀调味即可。有利于祛湿，促进湿疹消退。

❷ 西芹炒百合

西芹 1 棵，鲜百合 3 个，猪瘦肉 100 克，枸杞子、姜丝、蒜末、料酒、生抽、盐各适量。将猪瘦肉切丝，用料酒、生抽稍腌；西芹切段，百合掰开洗净。热油爆香姜丝、蒜末，放入肉丝炒变色，倒入西芹段、百合、枸杞子翻炒至熟，加生抽、盐调味即可。此菜可滋阴润燥、清热平肝、利水消肿，对治疗小儿湿疹有一定辅助作用。

打 鼾

孩子在睡觉时打鼾，如果是暂时性的打鼾，应考虑是否为急性的呼吸道感染，造成鼻黏膜的充血、水肿，形成堵塞。如果孩子长期出现打鼾的情况，考虑可能是先天扁桃体肥大或先天腺样体肥大而造成的气道狭窄。这种情况下，应带孩子到正规医院耳鼻喉科进行鼻咽部正侧位的检查，查看是否先天扁桃体或腺样体肥大。如果孩子长期打鼾，会影响气流通过，造成脑细胞缺氧，对孩子的脑细胞造成不同程度的损伤。所以要积极治疗，必要时可进行手术治疗。

孩子睡觉打鼾危害大

造成小孩打鼾的原因有多种，如遗传，如果爸爸妈妈的颌骨异常、呼吸道狭窄，通常孩子也会有相同的状况，所以在睡眠的过程中呼吸会受到阻碍而导致打鼾。通常小孩睡觉打鼾的主要原因是小孩呼吸道周边的一些腺体发生病变，如扁桃体或腺样体在发炎时会出现肿大现象，而孩子在入睡后肌肉放松，肿大的腺体会暂时阻塞气道，通气受阻使得睡觉时不能经鼻呼吸而出现张口呼吸，结果舌根后坠，随呼吸发出鼾声。

小孩睡觉打鼾时，大人一般不会过多在意，多数家长认为孩子是睡得香才会打鼾的，其实小孩睡觉打鼾是有危害的。

病变的腺样体或扁桃体容易使孩子入睡后发生呼吸困难或暂停，从而出现缺氧，影响孩子的正常发育和学习，严重的打鼾还可能引起小儿痴呆。所以如果孩子出现睡觉打鼾，并且上课时注意力不集中、嗜睡、记忆力下降、学习成绩差等现象时，要及时到医院检查鼻咽及扁桃体，确认问题所在，及时进行相应的治疗。

睡觉打鼾不仅会导致孩子睡眠质量下降，还会影响身体发育，特别是对智力方面的影响更大。睡眠质量对处于生长阶段的小孩来讲是很重要的。孩子的生长激素大部分是在深度睡眠时大脑释放出来的，以促进孩子各个系统的生长发育，而睡觉打鼾引起的睡眠呼吸障碍对小孩的睡眠危害很大，会造成睡眠时间的改变，使睡眠的连续性中断，睡眠质量下降。睡眠质量一旦下降，大脑分泌的生长激素也会相对减少，从而影响到孩子的发育。

打鼾引起的呼吸暂停会使大脑处于缺氧的状态，对孩子神经系统的发育影响重大，有可能导致孩子智力发育迟缓，也有可能影响到大脑的其他方面，甚至包括心脏方面。

睡觉的声音预示健康问题

孩子在睡眠中除了会发出打鼾声之外，还会经常发出其他各种各样的响声。在家长的认知中，睡梦中出声是司空见惯的事情，所以会忽略掉小孩睡觉时发出的声响。其实孩子在睡觉时发出的声响也预示着孩子的健康问题，下面为大家列举几项，希望家长朋友们可以多多注意孩子是否有相似的情况。

①有些孩子在睡觉时会发出类似小鸡的叫声，医学上称之为先天性喉鸣。先天性喉鸣产生的原因是孩子的喉软骨发育不好，喉部组织软弱松弛，吸气时组织塌陷，喉腔变小所引起的。一般在孩子 2 ~ 3 岁时就能自愈，若是严重就需要进行气管切开术。所以平时要避免孩子受凉及受惊，以免孩子发生呼吸道感染和喉痉挛，加剧喉阻塞。同时调整孩子睡眠时的体位，取侧卧位也可减轻症状。

②照看婴儿最艰难的阶段就是半夜，很多孩子在半夜都会惊哭，困倦的家长只能起来照看孩子。一般情况下，孩子在缺钙时会比较容易哭闹，所以家长要为孩子补充足够的维生素 D 和钙剂，让孩子多接触阳光。也有些孩子哭是因为疾病，在感冒或其他疾病患病期间也会比平常容易哭闹，所以这个时候要尽快找到原发病并及时治疗。

③孩子发育到一定阶段时就开始长牙齿，这个时候孩子也会有一些磨牙的习惯。孩子磨牙可以归结为几点：牙齿发育不良、消化功能紊乱、营养不均衡、肠道有寄生虫等。只要针对孩子的病症进行治疗，就能解决孩子晚上睡觉磨牙的问题。

家长应该怎么做

父母在发现孩子睡觉有打鼾现象时要及早治疗，注意日常的饮食均衡，还要保持有规律的作息时间。若是孩子睡觉打鼾并且呼吸不畅时，父母就需要仔细观察孩子的情况，必要时应到医院做检查。打鼾通常都是腺体的病变引起的，可以通过手术进行治疗，如扁桃体的摘除、腺体的刮除、上下颌的整形矫正，还有鼻腔的手术等，都是治疗儿童呼吸障碍的有效措施。

在日常生活中要注意以下几点：

1. 饮食上要注意均衡膳食，及时添加辅食，增加食物的多样性，合理喂养。

2. 增强孩子的体质可以减少呼吸道感染的概率。很多妈妈怕孩子晒太阳，都会选择在傍晚太阳下山的时候才带孩子出去散步，其实多晒晒阳光对孩子反而更好，而且早上的空气也更新鲜。在家让孩子多做做爬行游戏，可以让孩子的身体更结实。

3. 经常查看孩子的鼻子里面是否有异物堵塞鼻孔，及时清理鼻涕等分泌物，保持鼻子的通畅。

4. 孩子睡觉打鼾时，可以为孩子换个睡姿或把头部适当垫高。

5. 孩子打鼾症状较严重时要及时到医院就诊，若是因为腺体问题出现打鼾可以选择手术治疗。要注意孩子的营养问题和身体素质，也要防止营养过剩而导致的肥胖。调整作息时间，减少夜间的激烈活动。

附录：家长最容易走进的饮食误区

孩子上火，给孩子喝凉茶

孩子最容易上火的季节并不是炎热的夏天，而是凉爽的秋天。秋天干燥，孩子经常莫名其妙就上火了。上火会为孩子带来很多症状，如嘴角糜烂、溃疡、眼屎变多、有口气、长痘痘、便秘、小便短赤、头痛、体型消瘦、腰腿酸痛等问题。

上火的时候，最容易想到的就是凉茶了，但是凉茶一般都是由金银花、菊花等一些苦寒的药材熬制的，对于孩子来说还是太寒凉。

想下火，要先知道“火”从哪里来。秋天的“火”基本上来源于两个方面：

一方面肯定就是大家都了解的秋燥，燥邪耗损津液，津液不足，身体就会处于干燥火旺的状态。

另一方面，秋天阳气处于一个慢慢收敛的过程，阳光开始变得不那么温暖，阳气开始从地上往下潜藏，所有的动物也开始进行过冬的储备。人生活在天地之间，需要顺应自然，人体的阳气也开始慢慢地潜藏，人的毛孔腠理紧闭，阳气由体表深入体内。当阳气越来越深入体内，就代表着人体对阴液的需求也会增大，这样才能保持阴阳的相互制约，如果体内阴液不足，或者孩子本身就是阴虚体质，这时候就容易出现内热，或是虚火上炎的情况。

需要注意的是，秋天出现的上火症状，大部分是虚火，也就是说并不是真的体内有实热，而是相对来说，阴的部分被消耗得比较多，其实阳气本身还是原有水平。所以家长不难发现，孩子吃一些清热的食物效果并不大，有时候越清热越上火。

秋天上火了，想帮孩子去虚火、补气益中，正确的方法其实很简单，遵循养阴生津这个原则就好。并不是一喝凉茶就能好，针对不同的上火症状，有不同的应对方法。

烂嘴角

表现为口角潮红、起疱、皲裂、糜烂、结痂、脱屑等，张口还可出血。

【预防措施】

1. 不能让孩子养成舔嘴唇的习惯，嘴唇脱皮时不要撕拉。
2. 给孩子准备一支专用的润唇膏，饭后、临睡前都要涂抹。
3. 多吃一些豆制品、胡萝卜、新鲜绿叶蔬菜等。

喉咙疼痛

喉咙干燥也是秋季常见的一种症状，具体表现为喉咙肿痛、嗓子沙哑。喉咙疼的孩子不爱说话，吃饭、喝奶时都会哭闹。

【预防措施】

1. 补充足够的水分，最好是多喝温水。
2. 少接触冰凉、辛辣的刺激性食物。

流鼻血

空气干燥，鼻黏膜分泌的液体挥发比较快，鼻腔容易干涩发痒，有些孩子就会挖鼻孔，一旦用力过大，就会使鼻腔内的毛细血管破裂，引发鼻出血。

【预防措施】

1. 多补水，适当给孩子喝一些秋梨汤、柿子汁、荸荠汤等。

2. 可以用小棉签蘸婴儿油或润肤露，轻轻擦拭孩子的鼻腔前部。

3. 用拇指和食指夹住孩子鼻根两侧，稍用力向下拉，由上而下连拉12次。这样能促进鼻黏膜的血液循环。

干 咳

人体的肺脏对干燥比较敏感，而孩子的肺更是娇嫩，秋天经常会出现燥咳。

【预防措施】

1. 给孩子吃一些具有滋阴润肺功能的食物，如梨、芝麻、萝卜、柿子等，少吃咸、酸、辣等重口味食物。

2. 要注意保持室内空气的湿度，不要抽烟，避免烟雾刺激孩子。

3. 避免干冷空气的刺激，以免引发剧烈咳嗽。

便 秘

天气干冷，便秘孩子的数量就大大增加。长时间排泄不通畅，会使粪便干结，成颗粒状，孩子排便时非常痛苦。

【预防措施】

1. 多喝水，多吃蔬菜、粗粮等含有大量纤维素的食物，减少肉食摄入量，均衡膳食，促进肠蠕动，达到通便的目的。

2. 培养孩子定时排便的习惯，一般进食后肠蠕动会加快，常会出现便意，这是训练孩子排便的好时机。

3. 让孩子仰卧，妈妈先将两手掌心摩擦至热，然后两手叠放在孩子右腹下部，按顺时针方向围绕腹部旋转，共按摩 30 圈，早晚各一次。

配方奶粉有“热气”，要常给孩子喝凉茶

配方奶粉是婴幼儿时期最主要的食物，绝大多数配方奶粉营养成分充足，搭配均衡合理，是经过长期的科学研制而成的，是最适合婴幼儿阶段服用的奶制品。但为什么会有不少的家长认为配方奶粉有“热气”呢？主要是有些孩子吃了配方奶粉以后，有时会出现“口气大”（口气秽臭）、大便硬结、舌苔厚浊、眼屎多等症状，故家长认为这些就是有热的表现，必须常给孩子服用凉茶以清热解毒，以免“上火”。

其实，这种想法是不科学的。上述所谓的 “热气”症状，与服用配方

奶粉没有直接的联系，而是与婴幼儿胃肠道功能发育不成熟和不合理的喂养方式有关。在婴幼儿阶段，小儿“五脏六腑成而未全，全而未壮”“脾常不足”。因此，在这样功能不成熟的前提下，喂养方式就应该讲究科学性，不能照本宣科或一味地追求高营养、饱食、精食，而不顾及小儿的承受能力、吸收能力和个体差异性，令原本就不足的脾胃功能更加虚损，得不偿失，吃进去的东西反为“食滞”，出现“口气大”、大便不调（稀烂或硬结等）、舌苔厚浊等，达不到增加营养的目的。而眼屎多主要和卫生有关，如常用不干净的手揉摸眼睛或被空气中病邪侵袭等。

小儿七星茶能开胃消滞，可以长期饮用

小儿七星茶由谷芽、麦芽、山楂、钩藤、蝉衣、淡竹叶、芦根七味药所组成，其功效主要为消食导滞、清热安神，其组方的指导思想与小儿生理病理特点——“脾常不足”“肝常有余”“心常有余”有关，认为小儿易食滞，易出现心肝蕴热的状况，故方中有消食导滞的三星（谷芽、麦芽、山楂），又有清心肝蕴热、安神之钩藤、淡竹叶、芦根、蝉衣四星，组方精妙，为儿科保健常用方剂。但若片面认为小儿七星茶具有消食导滞的功效，而忽略其兼有清热安神的作用，从而作为长期饮用的药物，势必会造成不良后果：损伤中阳之气，令原本就不足之脾胃功能更加不足，长久下去，胃之受纳、脾之运化虚衰，吃不了多少东西，反而会经常出现消化不良的情况。而且由于脾土不足而影响到肺金，也会经常发生咽喉发炎、感冒、咳喘等呼吸道疾病。所以，小儿七星茶不宜长期饮用。

服用小儿七星茶不能盲目。一般健康的小儿可以半个月服食一次，对机体有一定的帮助。如果小儿肝火旺盛，应该降火，这时候可以喝 2 ~ 3 剂小儿七星茶。 由于小儿七星茶中的主要成分属寒，所以不能长期服用。一般服用七天如果没有明显的好转，需要到医院诊治。

在服用小儿七星茶期间，要注意不能吃生冷油炸类的食物，这类食物刺激肠胃，并且不容易被消化，影响药物的吸收。服药期间，孩子有可能出现轻微腹泻，这是正常的现象，家长不需要担心。腹泻也是去火的一种方式，很多去火类的药物吃完之后都会腹泻，停药之后腹泻现象自然消失。如果宝宝服用其他药品时想同时服用小儿七星茶，必须经过医生同意，否则出现其他不良反应就得不偿失了。

只有科学用药，才能够发挥小儿七星茶的正常药效，因此，家长们一定要在医生的指导下科学用药，避免盲目给药。

辅食越软烂越好

总有家长认为，宝宝的辅食越碎、越软、越烂越好。但宝宝的辅食究竟是什么性状，要根据宝宝的月龄和出牙状况来制定。宝宝 4 ~ 6 个月刚添加辅食时，的确应该吃糊状的食物，但随着宝宝长大，渐渐出牙，需要锻炼咀嚼能力，如果食物还是细、软、烂，不仅会影响宝宝的咀嚼能力，还会影响吐字和发音。咀嚼能力不是与生俱来的，需要后天不断地训练。如果 7 个月到 1 岁这段时间，宝宝的咀嚼能力没有得到充分的训练，1 岁以后的宝宝看到块状食物还是只会吞，不会嚼。一些 2 ~ 3 岁的宝宝仍然不会嚼东西，其实都是婴儿期没有及时锻炼咀嚼能力造成的。

孩子有眼屎，是上火

孩子眼屎多或便秘时，妈妈就会认为是“上火”了，盲目给孩子吃“下火”的药。其实人体是一个有机整体，不能仅凭个别症状就认为孩子是“上火”。中医认为“火”是六淫之一，其症状主要表现为：高热、多汗、面红耳赤、唇焦、喜食冷饮、大便秘结、小便短赤、舌质红、舌苔黄腻。即使有“火”，也要通过脏腑辨证分清是“心火”“胃火”“肺火”，还是“肝火”，还要更加具体地分清是“实火”还是“虚火”，这样才能准确地诊治。

现代医学认为，造成婴儿眼屎多的原因有三：

①**急性泪囊炎：**由于不洁净的护理，造成细菌入侵到泪囊，并且细菌在泪囊中不断繁殖导致化脓，以致脓液充满了整个泪囊而无法排泄，于是脓液沿着泪囊、泪小管从眼睛排出。

②**感染性结膜炎：**因为眼结膜含有丰富的神经、血管，对各种刺激反应敏感，又因为与外界直接接触，易受感染。细菌、病毒、衣原体、真菌等都是引起感染性结膜炎的病原体。感染的途径有：孩子通过产道时被患病母亲感染；日常由于家长不注意消毒隔离，通过毛巾以及看护人的手接触感染。其中严重者可发生角膜溃疡及穿孔，导致失明。

③**先天性的鼻泪管堵塞：**鼻泪管在鼻腔的下端出口被上皮细胞残渣堵塞或鼻泪管黏膜闭塞，或者因管道发育不全而形成皱褶、瓣膜，使得泪液和泪道内的分泌物稽留在泪囊而引起泪囊炎。

怕孩子饿，给孩子吃很多东西

有些父母担心孩子吃不饱，总喜欢给孩子多吃，可是吃得过多就爱生病。尤其是晚上，吃过饭没多久就睡觉，未消化的食物可产生内热，导致胃肠功能失调，免疫力降低。如果吃饭时间过晚，加上运动量明显减少，很容易积食。所以，晚饭一般应在 18 时左右，这样到睡前，胃里的食物就消化得差不多了。

中医学认为小儿“脾常不足”，意思是说，孩子对乳食的消化吸收能力弱，因此，不能给孩子提供过多、过腻和不易消化的食物，否则就会影响脾胃的消化功能，即“饮食自倍，肠胃乃伤”，从而引发消化不良、发热和自汗等症状，还会影响身体的发育和健康，造成免疫力降低。

父母可通过观察发现孩子是否吃得过多，如孩子在睡眠中身子不停翻动，有时还会咬牙；原来吃什么都香，最近却明显食欲下降；孩子常说自己肚子胀、肚子痛。细心的妈妈还可以发现孩子鼻梁两侧发青，舌苔白且厚，严重的甚至还能闻到孩子呼出的口气中有酸腐味。家长应掌握孩子吃饭大致的量，不要因为爱吃而超量。

孩子吃人参、鹿茸等滋补品，增强体质

虽然人参、鹿茸等有补益、增强体质的功效，但并不是什么人、什么时候服用都可以达到增强体质的目的，若进补不当反而会产生不良的后果。人参性微温，味甘、微苦，具有益气固脱、安神益智、扶正益气、活血强身、促进内分泌系统功能等功效，但也会诱发神经精神系统兴奋，如心跳加快、易激动、失眠等不良反应，还会出现皮疹、食欲减退、引起性早熟或雌激素样作用等反应。而鹿茸性温，味甘、咸，虽具有温肾壮阳、益精补气、强筋健骨等功效，但也有性激素样作用，可促进人体性腺功能，引起性早熟。因此，对于处在生长发育期的儿童来说，盲目地将人参、鹿茸作为增强体质的补品，显然是不可取的做法，长时间服用会出现性早熟等不良反应，影响儿童正常的生长发育。

喝高汤补营养，汤越浓越好

很多家长都对“浓汤”“高汤”很推崇，觉得汤越浓营养越好，老火靓汤孩子喝了更补。事实上，汤熬的时间越久，营养流失越多，不利于健康。而且要想做到汤浓，必然要煲较长时间，食材中的营养成分反而会被破坏。

熬汤的过程中，蛋白质经过高温，都凝固在肉里；各类维生素（B 族维生素、维生素 C，还有宝宝需要的维生素 A 和维生素 D）经过高温煲煮以后，大部分都被破坏了。因此，最后汤里就只有少量的糖和大量的脂肪了。所以，对于 1 岁以下的孩子来讲，喝汤还真不如喝水。辅食营养价值高的特征表现为半固体、泥糊状，所以辅食阶段的孩子除了奶和水以外，根本不用喝汤。

1 岁以上的孩子可以喝一点蔬菜汤，没什么脂肪。但蔬菜汤里含有较多的草酸，而草酸一方面会影响钙吸收，另一方面会增加孩子患结石的风险，所以像菠菜、竹笋这类含有很多草酸的蔬菜都不适合给孩子煮汤喝。

药物或营养品能提高免疫力

很多家长都给孩子用过蛋白粉、匹多莫德等类似的号称可以提高免疫力的东西，甚至还有家长定期带宝宝去医院打免疫球蛋白来提高免疫力。首先要说明，兰菌净和匹多莫德并不是营养品，兰菌净是细菌溶解产物，2016 年已被召回，而匹多莫德是免疫调节药物，两者都不能随意用，吃了也不能提高免疫力。而免疫球蛋白是血液制品，使用指标非常严格，更是不能没病乱用。

吃蛋白粉也一样无法提高免疫力。实际上，人体的免疫系统非常复杂，想要通过补充单一的食物来提高免疫力是远远不够的，只有多种营养素一起参与才能发挥作用。如果不好好吃饭而只依赖蛋白粉，很容易造成其他营养素缺乏，反而会降低免疫力。此外，大量的蛋白质会增加孩子的肾脏负担。蛋白粉只有在医生或营养师的指导下才能食用。

免疫力与每天吃的食物有关。为孩子提供的饮食要保证营养均衡、品种多样，让孩子定时、定量进食，这样才可以满足身体的需要，过分地补充某种营养品反而对孩子的身体没什么好处。如果在免疫功能正常的情况下，使用免疫增强剂，会引起过敏等其他免疫性疾病。过敏是免疫功能异常增强导致的，盲目使用免疫增强剂只会使过敏情况变得更加严重。

动物肝脏吃得越多越好

通常人们认为动物肝脏能够补铁、补血。的确，肝脏中的铁以血红素铁的状态存在，人体对它的吸收率要大于其他来源的铁，如果依靠吃动物肝脏来补充铁，吃肝脏的量可以比其他含铁食物少一些。

但是肝脏作为分解毒素的脏器，它的重金属以及药物含量要比其他器官更高。对身体发育尚未完全的孩子来说，肝脏并不是最好的选择。

如果要吃肝脏，可以优先选择禽类的肝脏，如鸡肝、鸭肝。肝脏在作为婴幼儿辅食时，每周不要超过 25 克。而且对于不缺铁的孩子来说，也没有必要经常吃肝脏，只要注意均衡饮食就好。

孩子打嗝是生病了

孩子常常会出现打嗝的情况，特别是还没有满月的新生儿经常会遇到这样的问题。孩子这样不停地打嗝常常会让家长不知所措，既紧张，又担心：孩子打嗝是不是得了什么疾病？

其实在一般的情况下，孩子打嗝是一种正常的生理现象。孩子的神经

系统发育还不完善，不能协调膈肌的运动，所以一旦受到外界的某些刺激，就很容易出现打嗝的情况。打嗝对孩子的健康没有任何的不良影响，所以家长可以把心放在肚子里，没有必要过分担心。随着孩子月龄的增加，神经系统逐渐发育完善，打嗝的现象也就会自然而然地减轻或者好转。

通常引起孩子打嗝的原因有三种：一、孩子的保暖措施做得不到位，在户外吸入了过多的冷空气；二、在哺乳的过程中孩子吸入了过多的空气，或者进食了凉的奶水；三、孩子进食过快或者进食前孩子因哭闹而吸入了大量的空气。这些因素都可能刺激孩子的膈肌，致使膈肌出现收缩，从而产生不协调或不自主的运动，孩子就会不断打嗝了。

如果孩子是受凉引起的打嗝，可以先将孩子抱起，轻轻地拍拍他的后背，然后喂一些温水，并及时给孩子增添保暖的衣物。

如果孩子是吃奶太急或吃凉奶水而引起的打嗝，可以刺激孩子的小脚底，促使其啼哭。这样，可以使孩子的膈肌收缩突然停止，从而止住打嗝。

还可以转移孩子的注意力，给孩子放一些舒缓的音乐，或是在孩子打嗝的时候逗引他，转移注意力，让孩子停止打嗝。

大便干燥吃香蕉

便秘吃香蕉，我们几乎把它当成常识了。听说香蕉有润肺、滑肠的功效，那是不是孩子大便干燥，吃香蕉就可以了？其实不然。多吃一些富含膳食纤维的食物，如绿色蔬菜、粗粮、水果等，有助于缓解孩子便秘的情况，香蕉并不是最好的选择。

饮食中纤维素摄入不足、排便习惯未养成、缺乏活动锻炼、水分摄入不够等，都可能造成孩子便秘。香蕉中的膳食纤维确实不少，但也并不是最多的，甚至还不如梨和火龙果，而一些蔬菜、粗粮中的膳食纤维则更加丰富，家长完全可以选择这些食物，没必要只认准香蕉。如果是没熟透的香蕉，其中的鞣酸含量比较高，反而更容易引起便秘。

需要注意的是，除了饮食中注意补充膳食纤维外，更重要的还是让孩子养成良好的排便习惯，注意寻找孩子便秘、大便干燥的诱因，对因治疗才能标本兼治。如果多方尝试后，孩子便秘仍不见好转，需要及时就医，排除引起便秘的器质性疾病。

早喝鲜牛奶有助成长

鲜牛奶对于婴儿来说并不合适，因为鲜牛奶中含有太多的大分子蛋白质和磷，而含铁太少。婴儿胃肠道的消化功能还没有发育完善，给婴儿喝鲜牛奶，很容易出现肠胃不消化和缺铁的情况。鲜牛奶中的叶酸含量也比较低，而叶酸是构成健康红细胞的营养基础。另外，牛奶中缺少构成婴儿健康红细胞所需要的铁。1岁以后的孩子胃肠道的消化功能基本发育成熟，这个时候开始喂鲜奶比较合适。

未满 1 岁的宝宝是不推荐喝牛奶的，在 6 个月内应坚持纯母乳喂养，并持续母乳喂养至少 1 年。

将牛奶添加到米汤、稀饭中，营养更好

有些家长认为，把牛奶添加到米汤、稀饭中可以使营养互补，其实这种做法很不科学。牛奶中含有维生素 A，而米汤和稀饭的成分以淀粉为主，米汤和稀饭含有脂肪氧化酶，会破坏维生素 A。特别是婴幼儿，如果摄取维生素 A 不足，会使其发育迟缓、体弱多病。即便是为了补充营养，也要将以上两者分开食用。如果家长觉得单纯让孩子喝牛奶不足以引起孩子的兴趣，或是想让孩子在喝牛奶的同时补充更多其他的营养，可以选择将牛奶与一些蔬菜、水果等一起做成牛奶点心或牛奶菜肴。

把牛奶当水喝

牛奶固然是很有营养的食物，但也不是多多益善的。学龄前儿童每天最多喝两杯牛奶即可。据专家调查发现，牛奶喝得越多，维生素 D 水平越高，但铁的水平却呈下降趋势。研究分析认为，幼儿每天喝两杯牛奶既可以保证最大维生素 D 摄入量，也能防止体内铁质流失。

新研究发现，幼儿牛奶喝少了，维生素 D 会不足；牛奶喝太多，则容易导致缺铁。维生素 D 有助于钙质吸收，增强骨骼健康，也有助于防止免疫系统疾病、呼吸道疾病和心血管疾病。而补铁有助于儿童大脑健康发育。缺铁则会损害身体及大脑功能。因此，孩子每天最多喝两杯牛奶。